JN289521

Cで学ぶ
数値計算アルゴリズム

小澤 一文 著

共立出版

まえがき

　本書は，大学，高専で，「数値計算法」，「数値解析」と名のつく科目の教科書として書かれたものである．したがって，それ以前に学んでおくべき科目，例えば，解析学，線形代数学，プログラミング演習などの基礎学力を前提としている．また，逆に数値計算法を学ぶことがこれら科目の復習にもなり，ひいては，これら科目の理解をより一層深めることになれば，という欲張った願いもないわけではない．というのは，実際に学んだアルゴリズムをプログラミングし，計算結果を図示し，それを眺めることによって何かを学び取るということは，これら科目の講義では行われていない授業形態であるからである．

　数値計算法という学問は，プログラミング演習とも数学とも異なり，一種独特のセンスが要求される分野である．プログラミング技法と数学の公式さえ知っていれば何とかなるというものでもなく，ましてや数学的な美しさや厳密性を追求するものでもない．本書の主旨は数値計算法の真髄を学び取ってもらうことである．

　本書は，アルゴリズムを学んだら，必ずプログラムを提示し，そのプログラムによる計算結果を図示し，それに解説を加える，というスタイルで一貫している．プログラムはアルゴリズムを実現する手段であるから，手段としての機能を果たしていれば言語にこだわる必要はないが，どこでも使え，解説書も豊富な C 言語が適切であると考えた．プログラムは単なる手段に過ぎないが，それを作る過程は抽象的かつ論理的な思考力を鍛える非常によい場でもあり，プログラミング能力がなければ，純粋な理論家は別としても，科学技術の現場では何もなしえない

時世である．たかがプログラミングされどプログラミングである．本書のプログラムは比較的短いものばかりなので，是非，解読し，さらにそれを発展させ，より高度なものを作ることに挑戦していただきたい．

執筆中，常に念頭を離れなかったのは，最近叫ばれている大学生の学力低下である．しかし，それが事実だとしても，高校の教育課程にまで立ち帰って懇切な解説を加えるのは著者の本意ではないし，また紙幅も許さないであろう．したがって，ある程度のレベルを維持しつつわかりやすく書く，ということを心がけたが，これは著者の力量がもっとも問われるところであろう．わかりやすくしたつもりが，冗長で逆にわかりにくくなっていないか不安である．そのような記述があった場合は読者諸氏は寛容な態度で接していただきたい．

本書では，数値計算法の中ではかなり重要な位置を占めているが，紙幅の関係で除外した部分もある．例えば，固有値問題，偏微分方程式，モンテカルロ法，スプライン近似，並列プログラミング，などである．これらの部分もいつの日か機会があれば書いてみたいと思っている．

最後に，執筆の機会を与えてくださった共立出版（株）営業部の木村邦光氏，校正刷りに根気強く目を通し，誤植を抽出するだけでなく，著者が想像していた以上に美しい体裁に仕上げていただいた同社編集部の赤城圭氏に感謝する次第である．

また，本書を書くにあたって著者が所属する秋田県立大学システム科学技術学部の同僚から多くのアドバイス，協力を得た．付録Bの「C言語と数学関数について」の作成にあたっては，廣田千明准教授から多大な協力をいただき，能登谷淳一助教からはC言語の各種仕様の違いを詳しく教えていただき，作図に関しては中村真輔助手の協力を得た．これらの方々に謝意を表す．

平成 20 年 10 月

小 澤 一 文

目　次

第 1 章　数値計算の誤差を解析する　　1
- 1.1　丸め誤差について　　1
- 1.2　計算法の安定性と条件数　　11
- 1.3　平均と分散の計算法　　14
- 1.4　級数和の計算法　　18
- 1.5　π の計算法　　20
- 1.6　演習問題　　23
- 第 1 章のまとめ　　24

第 2 章　非線形方程式を解く　　26
- 2.1　二分法　　26
- 2.2　ニュートン法　　29
- 2.3　代数方程式とニュートン法　　32
- 2.4　減速ニュートン法　　38
- 2.5　不動点反復法とその収束次数　　41
- 2.6　多重解　　49
- 2.7　演習問題　　52
- 第 2 章のまとめ　　54

第 3 章　連立方程式を解く　　55

- 3.1　2元連立非線形方程式とニュートン法 55
- 3.2　ガウスの消去法 60
- 3.3　LU 分解法 66
- 3.4　枢軸選び 72
- 3.5　連立 1 次方程式と条件数 78
- 3.6　トーマスの計算法 81
- 3.7　演習問題 85
- 第 3 章のまとめ 86

第 4 章　関数を近似する　　87

- 4.1　多項式補間 87
- 4.2　チェビシェフ補間 94
- 4.3　ラグランジュ補間のプログラミング 99
- 4.4　ニュートンの補間公式 102
- 4.5　エルミート補間 107
- 4.6　演習問題 110
- 第 4 章のまとめ 111

第 5 章　関数を積分する　　112

- 5.1　ニュートン・コーツ公式 112
- 5.2　複合公式 118
- 5.3　ガウス型数値積分公式 122
- 5.4　ロンバーグ積分法 127
- 5.5　自動積分法 131
- 5.6　二重指数関数型数値積分公式 133
- 5.7　演習問題 139
- 第 5 章のまとめ 140

第 6 章　常微分方程式を解く　　141

- 6.1　オイラー法 141
- 6.2　ホイン法 145

6.3	高次の公式	147
6.4	数値解法の安定性	151
6.5	陰的解法について	153
6.6	連立常微分方程式のプログラミング	160
6.7	弧長変換	169
6.8	演習問題	171
	第 6 章のまとめ	172

第 7 章　収束を加速する　173

7.1	リチャードソンの補外	173
7.2	エイトケンの Δ^2 法	178
7.3	ステフェンセン変換	182
7.4	演習問題	185
	第 7 章のまとめ	186

付録 A　数学的基礎　187

A.1	平均値の定理	187
A.2	中間値の定理	187
A.3	テイラー展開	188
A.4	ランダウの記号	191
A.5	オイラーの公式	193
A.6	差分方程式	194
A.7	行列に関する公式	196

付録 B　C 言語と数学関数について　198

B.1	数学ライブラリ		198
	B.1.1	`expm1` 関数	199
	B.1.2	`log1p` 関数	200
	B.1.3	`sincos` 関数	202
B.2	複素数型		207

演習問題の解答 **211**

参考文献 **225**

索　引 **227**

第1章
数値計算の誤差を解析する

　数値計算における誤差は，その発生原因により丸め誤差と離散化誤差に大別される．丸め誤差は，本来は無限桁で行うべき演算を有限桁で行ったことに起因するものであり，離散化誤差は，解析学に現れる無限大，無限小などの概念を「十分大きい N」とか，「十分小さい ε」などに置き換えたことによって生ずるものである．いずれにせよ，どちらの誤差も無限の操作を有限の操作に置き換えたことによって発生する点では共通している．したがって，これらを限りなく小さくすることは可能であっても，0 にすることは原理的に不可能である．

　結局，数値計算を行うにあたって肝要なことは，誤差のない正確な値を期待するのではなく，誤差の許容限界をあらかじめ決めておき，できるだけ少ない手間でその許容限界内に抑える，ということである．ここで「誤差の許容限界」をどの程度にしたらよいかということであるが，これを小さくしすぎると計算が終了しなくなる可能性もある．したがって，数値計算を行うときは，用いているアルゴリズムについて，誤差の発生メカニズム，誤差の伝播，誤差の上限，誤差の補正，収束性など，多くのことに関してそれなりの見識をもってプログラムを書かねばならない．

1.1　丸め誤差について

　数値計算のプログラム中で用いられる変数，定数は，ループ・カウンタおよび

注) 1.1, 1.2 節は，文献 [26] に加筆修正を加えたものである．

| 31 30 29 | 23 22 21 | 0 |

| s | e_7 e_6 $\cdots$ $\cdots$ e_0 | f_1 f_2 $\cdots$ $\cdots$ $\cdots$ $\cdots$ f_{23} |

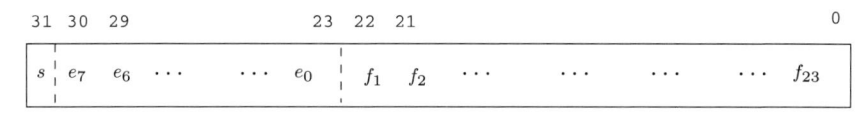

図 **1.1** IEEE 754（単精度）の内部表示

配列要素を特定する添字以外はほとんどは実数型であろう．実数型変数，定数は，計算機内部では**浮動小数点表示** (floating-point representation) という形式で記憶されている．ここでは，浮動小数点表示における誤差，すなわち丸め誤差について解説する．その前に浮動小数点数とその表示法について説明する．

これまで各種の浮動小数点表示の方式が採用されてきたが，現在では **IEEE 754** [22] という 2 進浮動小数点表示の規格が主流になっている．2 進浮動小数点表示とは，実数 x を 2 進表示で

$$x = (-1)^s \cdot 2^E \cdot (1 + f_1 \cdot 2^{-1} + f_2 \cdot 2^{-2} + \cdots)$$
$$= (-1)^s \cdot 2^E \cdot (1.f_1 f_2 \cdots)_2,$$
$$s = 0, 1, \quad f_i = 0, 1, \quad E = 整数$$

という形式で表し，ここに表れる符号 s，指数 E，小数部の各桁 $f_1, f_2, \ldots$ などを，図 1.1 の形式に従って 32 bit（倍精度では 64 bit）に記憶するものである．ただし，E は 127 だけゲタを履かせ，すなわち

$$E + 127 = (e_7 e_6 \cdots e_0)_2$$

とし，各 e_i を表示する．

以下に示すのは，IEEE 754 規格の内部表示を見るプログラムである．

```
 1: /*
 2:     Single precision floating-point numbers.
 3: */
 4:
 5: #include <stdio.h>
 6: main(){
 7:    int i, j, bit[32];
 8:    float x;
 9:    printf(" Input a number. \n");
10:    scanf("%f",&x);
11:    printf("%f -> ",x);
12:    j=*(int *)&x;
```

```
13:
14:    for (i=0; i<=31; i++)
15:      bit[i] = (j>>i)& 1;
16:
17:    for (i=31; i>=0; i--){
18:      printf("%d",bit[i]);
19:      if (i%4 == 0) printf(" ");
20:    }
21:    printf("\n");
22: }
```

実行例

```
 Input a number.
1.0
1.000000 -> 0011 1111 1000 0000 0000 0000 0000 0000

 Input a number.
0.1
0.100000 -> 0011 1101 1100 1100 1100 1100 1100 1101

 Input a number.
-0.1
-0.100000 -> 1011 1101 1100 1100 1100 1100 1100 1101
```

上に示したように，小数部は f_{23} (倍精度では f_{52} まで) までとし，そこから先を切り捨てることにする (実際は "0 捨 1 入" する)．そのため，極めて幸運な場合を除けば，誤差，すなわち**丸め誤差** (round-off error) が生じる．

浮動小数点演算では，大きな数も小さな数も有効桁が等しいため，相対誤差が精度を評価する重要な基準になる．いま，正数 ε に対して $1+\varepsilon$ という演算を行ったとき，記憶領域は有限なので ε が小さすぎると無視されるが，無視されないで加えられる最も小さい数を**マシン・エプシロン** (machine epsilon) (以下 ε_M と略す) と呼んでいる．ε_M は Fortran 90 以降の Fortran 規格では，EPSILON という組込み関数を用いて直接求められる．C 言語では以下のようなプログラムを実行すれば簡単に求まる：

```
1: /*
2:    Calculation of machine-epsilon
3: */
4: #include<stdio.h>
5: main()
6: {
7:    float a, b, c, d, eps=1.0, x;
```

```
 8:     int i=0;
 9:
10:     x=1.0+eps;
11:     while (x > 1) {
12:        i++; eps/=2.0; x=1.0+eps;
13:     }
14:     eps*=2.0; i--;
15:
16:     printf(" eps = %11.4e =(2^(%d))\n",
17:             eps,-i);
18:     a=1.0+eps;      b=a-1.0;
19:     c=1.0+eps/2.0; d=c-1.0;
20:
21:     printf(" 1+eps   -1 => %11.4e \n",b);
22:     printf(" 1+eps/2-1 => %11.4e \n",d);
23: }
```

このプログラムの実行結果は

```
eps =   1.1921e-07 =(2^(-23))
1+eps   -1 =>   1.1921e-07
1+eps/2-1 =>   0.0000e+00
```

となる．IEEE 754 規格に準拠した計算機の単精度浮動小数点演算では，コンパイラや言語に依らず，これと同じ結果が得られるはずである．ちなみに，同規格の倍精度浮動小数点演算では，マシン・エプシロンは $2^{-52} (= 2.22\cdots \times 10^{-16})$ である．

一般に，IEEE 754 規格を採用している計算機で，条件

$$|b|/|a| < 2^{-23} \tag{1.1}$$

を満たしている 2 つの数 a, b 間で，単精度浮動小数点数の加算 $c = a + b$ を行うと，$b \neq 0$ であっても b は無視され，計算機内部では $c = a$ となる．その他，乗算，除算，底変換などでマシン・エプシロン程度の相対誤差が発生することはほとんど避けられない．

マシン・エプシロンの値は，いま見てきたように 10^{-7} 程度であるから，要求される精度から見れば取るに足らないものである，と考えがちである．しかしその累積が無視できない場合もあるし，また数回の演算で著しく拡大される場合もある．以下そのような例を見ていこう．

まず乗除算の誤差を考える．乗除算では，2 の整数ベキを掛けるとか，2 の整

数ベキで割るというような特殊な場合を除けば，1 回の演算で桁数が飛躍的に増えるので，演算 1 回ごとに着実に相対誤差が増えていく．例えば，

$$P = \prod_{i=1}^{n} x_i \tag{1.2}$$

を行ったとき，各 x_i が計算機に正確に記憶される値であるとすれば，演算結果 $\tilde{P}$ は

$$\tilde{P} = x_1 \prod_{i=2}^{n} x_i \left(1 + \eta_i\right)$$

となる．ここで，各 η_i は乗算 $\tilde{P} \leftarrow \tilde{P} * x_i$ で発生する相対誤差を表し，通常は

$$|\eta_i| < \varepsilon_M, \qquad i = 2, \ldots, n$$

と仮定しても構わないだろう．そうすると

$$\left| \prod_{i=2}^{n} (1 + \eta_i) \right| \simeq \left| 1 + \sum_{i=2}^{n} \eta_i \right| < 1 + n\,\varepsilon_M$$

という評価が成り立つから

$$|\tilde{P} - P|/|P| < n\,\varepsilon_M \tag{1.3}$$

となり，最悪の場合は，相対誤差はおおよそマシン・エプシロンの n 倍までに拡大される．

例 1.1　乗積 (1.2) の計算における誤差の累積を見るため，π を単精度化した数を $x_i\,(i=1,\ldots,n)$ とし $P = \Pi_{i=1}^{n} x_i$ を計算し，その相対誤差の変化を調べる．結果は図 1.2 である．

図 1.2 を見てわかるように，式 (1.3) から予想されるほど大きくないが，相対誤差はほぼ計算回数に比例して増加していることがわかる．

次に加算における誤差を考える．まず，調和級数

$$S_n = \sum_{i=1}^{n} \frac{1}{i}$$

を単精度浮動小数点演算で計算してみる．この級数の発散速度は $O(\log n)$ であるが，有限桁の浮動小数点演算では決して発散しない．それは，`S=S+1/i` という

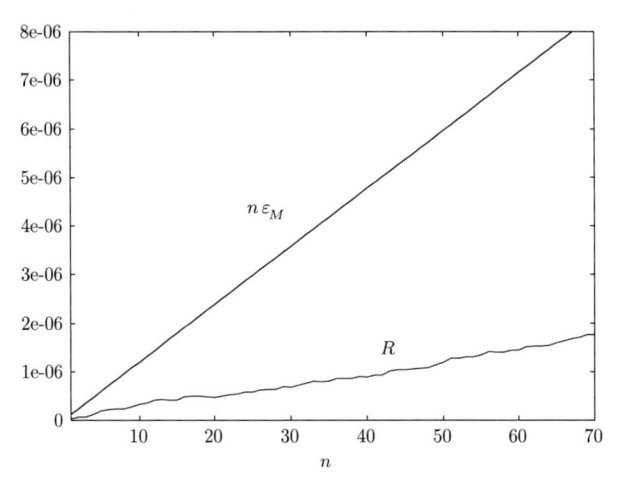

図 1.2 π^n の計算における相対誤差 R の変化

演算を行う過程で，右辺の（古い）S と 1/i との間で式 (1.1) によって表される関係がいずれ成立してしまい，そこから先，S は変化しなくなる（収束してしまう）からである．

しかし有限の n に対して，少しの工夫によってより正確な S_n を得ることは可能である．最も簡単な方法は，$1/i$ が増加していく順（i が減少していく順）に加えていくことである．

例 1.2 S_n の値を，i が減少していく順に加えて得られた値を S_n^{--}，i が増加していく順に加えて得られた和を S_n^{++} で表し，両者の比較を表 1.1 に示す．なお，表中 S_n (double) とあるのは倍精度で計算したより正確な値である．

表 1.1 2 つの計算法による調和級数の値

n	S_n^{++}	S_n^{--}	S_n (double)
10	2.928968e+00	2.928968e+00	2.92896825396825e+00
10^2	5.187378e+00	5.187377e+00	5.18737751763962e+00
10^3	7.485478e+00	7.485472e+00	7.48547086055034e+00
10^4	9.787613e+00	9.787604e+00	9.78760603604435e+00
10^5	1.209085e+01	1.209015e+01	1.20901461298633e+01
10^6	1.435736e+01	1.439265e+01	1.43927267228648e+01
10^7	1.540368e+01	1.668603e+01	1.66953113658567e+01
10^8	1.540368e+01	1.880792e+01	1.89978964138477e+01

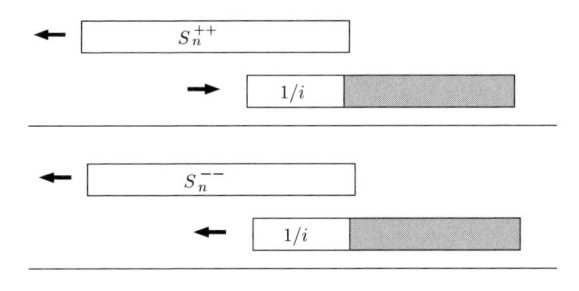

図 **1.3** S_n^{++} と S_n^{--} の計算（網掛け部分は情報落ちの部分）

この結果を見てわかるように，S_n^{++} においても S_n^{--} においても，n が大きくなればなるほど誤差が累積していく．しかし S_n^{--} のほうがはるかに精度が良い．S_n^{--} の計算では，S の増大を追いかけるように加える数 $1/i$ も大きくなっていき，「積み残し」の増加を防いでいるからである．この「積み残し」のことを**情報落ち**といっている．一方 S_n^{++} の計算では，加える数 $1/i$ は徐々に小さくなり，S との間にやがて「離別」が生じてしまう（図 1.3 参照）．

上の例で，S_n^{++} の計算過程で，S の値が変化しなくなる（S と $1/i$ が「離別」する）i と S の値は，$i = 2097152, S = 15.40368$ であった．このとき

$$\log_2\left(\frac{1/i}{S}\right) = -24.94520$$

であり，これは，$(1/i)/S$ の値が ε_M のおおよそ $1/4$ であることを示している．

総和 $\sum_{i=1}^{n} a_i$ の計算における誤差の補償に関しては，下に示す**カハンのアルゴリズム** (Kahan's algorithm) がよく知られている．カハンのアルゴリズムの解析とその改良については文献 [9, 24] を参照されたい．なお，カハンは IEEE 754 規格の提案者でもある．

● カハンの総和計算法 ●

1: $s := 0;\ q := 0;$
2: **for** $i := 1$ **to** n **do**
3:    $t := s;$
4:    $s := t + (a_i + q);$ {情報落ちの再チャレンジ}
5:    $q := (a_i + q) - (s - t);$ {情報落ち q を求める}

> 6: **end for**

　このカハンの計算法以外に，丸め誤差を低減する技術については文献 [18] に詳しく紹介されている．

　次に**桁落ち** (cancellation) について説明する．桁落ちとは，大きさのほぼ等しい 2 つの数の間で減算を行うとき，これら 2 つのデータに含まれていた相対誤差が著しく拡大される現象をいう（正確にいえば丸め誤差とは異なる現象である）．いま，2 数 a, b が測定データであるか，あるいはそれまでの計算から得られた値であったとする．そうすると，我々が手にしているデータは，本当は a, b でなく，誤差を含んだ値 $\tilde{a}, \tilde{b}$ になっているはずである．これらデータの相対誤差をそれぞれ $\delta a, \delta b$ とすると

$$\tilde{a} = a(1+\delta a), \qquad \tilde{b} = b(1+\delta b)$$

となる．このとき，$\tilde{a} - \tilde{b}$ を計算すれば，その相対誤差は

$$\frac{(\tilde{a}-\tilde{b})-(a-b)}{a-b} = \frac{a\,\delta a - b\,\delta b}{a-b}$$

となる．ただし，この減算の計算過程では誤差が発生しなかったと仮定している．これより

$$\left|\frac{(\tilde{a}-\tilde{b})-(a-b)}{a-b}\right| \leq \frac{|a|+|b|}{|a-b|} \max\{|\delta a|, |\delta b|\} \tag{1.4}$$

という評価が得られる．この評価は，相対誤差が最悪の場合 $(|a|+|b|)/|a-b|$ 倍まで拡大されることを意味している．したがって，a と b が近ければ近いほど危険である（もちろん，$\delta a = \delta b = 0$ ならばそうであっても心配ない）．

　桁落ちは，情報落ちが起きた後に引き続いて減算が行われる場合に注意を要する．例えば，前に示したマシン・エプシロンを求めるプログラムの計算結果のように，$0 < |x| < \varepsilon_M$ なる x に対して，$1+x-1$ を計算すると結果は 0 になる．この場合は，計算順序を入れ替え，$1-1+x$ というような計算を行えば簡単に解決できる．その他，式変形を行うことによって桁落ちが防げる場合がある．

　数値計算の入門書によくある例は，2 次方程式

$$ax^2 + bx + c = 0$$

の解を公式

$$x_1, x_2 = \frac{-b \pm \sqrt{b^2 - 4ac}}{2a} \tag{1.5}$$

によって求める計算である．このとき，$b^2 \gg 4|ac| > 0$ であれば $\sqrt{b^2 - 4ac} \simeq |b|$ となるので，式 (1.5) の計算において実質引き算が行われるほうで桁落ちが起きる．そこで $b > 0$ のときは

$$x_2 = \frac{-b - \sqrt{b^2 - 4ac}}{2a}, \qquad x_1 = \frac{c}{ax_2}$$

とし，$b < 0$ のときは

$$x_1 = \frac{-b + \sqrt{b^2 - 4ac}}{2a}, \qquad x_2 = \frac{c}{ax_1}$$

という計算を行えば桁落ちは回避できる．

一般に，大きな数同士の減算によって小さい数を得るような式があれば，（可能なときは）大きい数の逆数から小さい値を求めるように式変形するとよい．例えば，$x \gg 1$ のとき

$$\sqrt{1 + x^2} - x = \frac{1}{\sqrt{1 + x^2} + x}$$

というようにすればよい．

桁落ちは，桁落ちの結果得られたと思われるデータに大きな値を加えるような場合は問題ないが，大きな値を掛けるような場合は問題になる．そのような例として微分の差分近似がある．2 階微分可能な連続関数 $f(x)$ に対して

$$d = \frac{f(x+h) - f(x)}{h} \tag{1.6}$$

は，差分間隔 h が十分に小さければ微係数 $f'(x)$ の良い近似であることが期待できる．実際，そのようなとき近似の誤差（離散化誤差）はおおよそ $f''(x)h/2$ となり，h の減少とともに小さくなっていく．その一方で，$f(x+h) \simeq f(x)$ となるため桁落ちが生じ，さらにそれに大きな数 h^{-1} が掛けられるので，その誤差は $h \to 0$ のとき $O(h^{-1})$ の速さで拡大していき，やがて離散化誤差を超えるだろう．

例 1.3 ここで，$f(x) = \sin x$，$x = 1.1$ とし，h を変化させながら式 (1.6) によって d の値を単精度と倍精度で計算し，それらの誤差を表 1.2 で比較する．

```
 1: /*
 2:    Divided difference
 3: */
 4: #include <stdio.h>
 5: #include <math.h>
 6: main() {
 7:    int i;
 8:    float e,x,h=0.1,q;
 9:    double ed,xd,hd=0.1,qd,exact;
10:    xd=1.1; x=xd;
11:    exact=cos(xd);
12:
13:    for (i=1; i<=7; i++) {
14:       q=(sinf(x+h)-sinf(x))/h;
15:       e=q-exact;
16:       qd=(sin(xd+hd)-sin(xd))/hd;
17:       ed=qd-exact;
18:       printf(" %10.3e %12.6e %12.6e \n",h,ed,e);
19:       h/=10;
20:       hd/=10;
21:    }
22: }
```

表 1.2 微係数の差分近似 (1.6) の誤差

h	誤差（倍精度）	誤差（単精度）
1.000e-01	-4.527888e-02	-4.527900e-02
1.000e-02	-4.463591e-03	-4.466540e-03
1.000e-03	-4.457317e-04	-3.958706e-04
1.000e-04	-4.462683e-05	2.563533e-04
1.000e-05	-4.530009e-06	2.010041e-03
1.000e-06	-5.196115e-07	-1.025546e-02
1.000e-07	-1.244255e-07	-1.925152e-01

単精度計算では，予想通り，初めは h に比例して徐々に誤差が小さくなっていき，$h = 10^{-4}$ あたりで飽和し，その後は増大していく．一方，倍精度のほうはほぼ理論通りに h に比例して誤差が小さくなっていく．しかし，より h を小さくすると，やがて $O(h^{-1})$ の速さで誤差が増大していくはずであるが，まだそれが見えていないだけである．

なお，微分の計算は本来は差分法（数値微分）に依らず，（高速）**自動微分法** (automatic differentiation) [10] と呼ばれる手法を用いるべきだが，手軽に使え

る方法として差分法も無視できない.

1.2 計算法の安定性と条件数

離散アルゴリズムの分野では，計算法の良し悪しを決める尺度に「時間計算量」と「領域計算量」がある．しかし，離散化誤差や丸め誤差が問題になる数値計算アルゴリズム（連続アリゴリズム）の分野では，これらの尺度より重要なのは安定性であろう．また，アルゴリズムの良し悪しとは別に，解くべき問題の「難易度」を決めるものに条件数がある．本節ではこの2つの概念について説明する．

まずアルゴリズムの安定性に関して次の例を考える [1]．

例 1.4 積分

$$I_n = \int_0^1 x^n e^{x-1} dx, \qquad n = 1, 2, \ldots$$

は，漸化式

$$I_n = 1 - n I_{n-1}, \qquad n = 2, 3, \ldots \tag{1.7}$$

を満たすので，$I_1 = e^{-1}$ を初期値として与え，式 (1.7) を用いて $n = 2, 3, \ldots$ という順に前向きに計算していけば，数値積分公式を用いないで手軽に I_n の値が求まる．しかし誤差の伝播という点ではこのアルゴリズムは危険である．というのは，式を見ればわかる通り，I_n を計算するときは，I_{n-1} の誤差が n 倍に拡大され，その結果 I_1 の誤差は I_n へは $n!$ 倍に拡大され伝わっていくからである．一方，式 (1.7) を

$$I_{n-1} = \frac{1 - I_n}{n} \tag{1.8}$$

と書き換え，後向きに計算していけば，I_n の誤差が I_1 にたどり着くまでに $1/n!$ になり，最終結果にほとんど悪影響を及ぼさないはずである．

いま，計算法 (1.7) の初期値 I_1 と計算法 (1.8) の初期値 I_{15} を

$$I_1 = 3.6787945 \times 10^{-1}, \qquad I_{15} = 5.9017539 \times 10^{-2}$$

と与え，それぞれ前向きと後向きに計算した結果を比較する．なお，初期値 I_{15} の値は Mathematica で求めたものである．ここで，n の増加していく方向に計算した値を I_n^{++}，逆向きに計算した値を I_n^{--} とし両者の比較を表 1.3 に示す．

この表において，I_n^{++} の値は $n = 10$ 以降，急激に大きくなり振動しているが，理論上は，不等式

$$0 < I_n < \frac{1}{n+1}$$

を満たしているので，これは異常な現象であることがわかる．一方，計算法 (1.8) はその最終値 I_1^{--} が計算法 (1.7) で与えた初期値 I_1^{++} と同じ値になっているので，極めて良好な計算法といえる．

計算法 (1.8) のように，初期値に含まれる誤差および計算過程で生じる誤差が増大しないで，あるいは多少は増大したとしてもほどほどの範囲内に抑えられて伝わっていくような計算法を**安定な計算法** (stable algorithm) という．

表 **1.3** 計算法 (1.7) と (1.8) による計算

n	I_n^{++}	I_n^{--}
1	3.6787945e-01	3.6787945e-01
2	2.6424110e-01	2.6424113e-01
3	2.0727670e-01	2.0727664e-01
4	1.7089319e-01	1.7089342e-01
5	1.4553404e-01	1.4553294e-01
6	1.2679577e-01	1.2680236e-01
7	1.1242962e-01	1.1238351e-01
8	1.0056305e-01	1.0093196e-01
9	9.4932556e-02	9.1612294e-02
10	5.0674438e-02	8.3877072e-02
11	4.4258118e-01	7.7352226e-02
12	-4.3109741e+00	7.1773253e-02
13	5.7042664e+01	6.6947699e-02
14	-7.9759729e+02	6.2732168e-02
15	1.1964959e+04	5.9017539e-02

ここで計算法の安定性を見るための 1 つの尺度について考える．関数 $y = f(x)$ の計算において，x が微小量 δx だけ変化したとき，それに伴って y も δy だけ変化したとする．このとき，相対誤差の拡大率は，$f(x)$ が連続微分可能であるとすれば $\delta y \simeq \delta x f'(x)$ であるから

$$\left| \frac{\delta y/y}{\delta x/x} \right| \simeq \left| \frac{x f'(x)}{f(x)} \right| =: c(x) \tag{1.9}$$

と近似できる．ここで拡大率 $c(x)$ のことを**条件数** (condition number) と呼ん

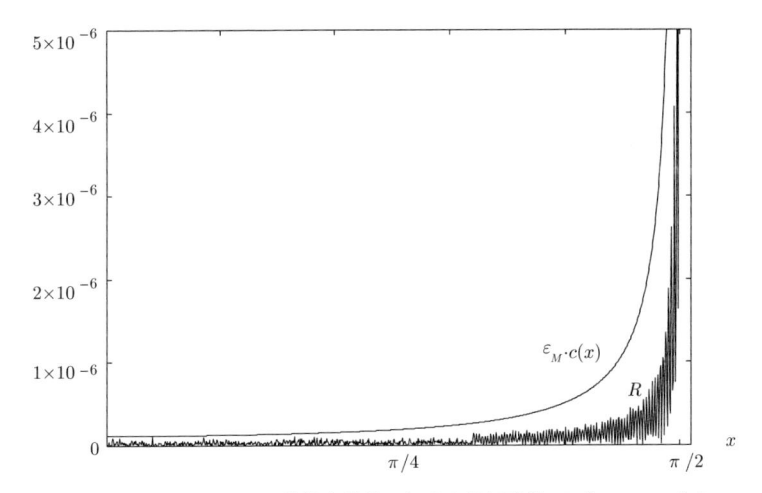

図 1.4 $y = \tan x$ の単精度計算における相対誤差 R と $\varepsilon_M \cdot c(x)$

でいる．条件数が大きな問題を**悪条件** (ill-conditioned) 問題という．

減算の場合は，前節で示したように相対誤差の拡大率が $(|a|+|b|)/|a-b|$ となり，これが条件数になる．この場合，a と b が近ければ近いほど悪条件となる．また，逆に $ab < 0$ であれば条件数が 1 となり，最も条件の良い問題となる．

次に悪条件問題をいくつか挙げておこう．まず，$y = \tan x$ の計算を考える．これに対して $c(x)$ を計算すると

$$c(x) = \left| \frac{2x}{\sin(2x)} \right|$$

となり，条件数 $c(x)$ の値は $x = \pi/2$ の近辺で非常に大きくなる（図 1.4 参照）．その他よく話題になるのは，重解をもつ多項式のその重解近辺での評価である．いま，多項式 $p(x)$ が $x = \alpha$ に m 重解をもつとすると

$$p(x) = (x - \alpha)^m h(x), \quad h(\alpha) \neq 0, \quad m > 0$$

と表される．これより重解 α の近辺では

$$c(x) = \left| \frac{x(mh(x) + (x-\alpha)h'(x))}{(x-\alpha)h(x)} \right| \simeq \frac{m|\alpha|}{|x-\alpha|}$$

となり，非常に大きな条件数をもつことがわかる．したがって，根の近辺で $|p(x)|$ の値を評価し，それが 0 から離れているかどうかで収束判定を行う代数方程式の

数値解法は，重解が「苦手」ということになる．具体的には，m 重解は計算桁数の $1/m$ の精度まで落ちる（2.6 節参照）．また，重解をもたないが条件数が大きくなる問題として，多項式

$$p(x) = \prod_{i=1}^{20}(x-i) = x^{20} - 210\,x^{19} + \cdots + 20!$$

が知られている．この多項式は**ウィルキンソンの多項式** (Wilkinson's polynomial) [31] と呼ばれ，古くから数値解析の研究者を悩ませてきたものである．

最後に，桁落ち，情報落ちの処理法を実際に組み込んだ有用な計算法を学ぶ．

1.3 平均と分散の計算法

統計解析においては，平均，分散という量が最も重要な意味をもつ．ここではこの 2 つの量を計算する高精度な計算法を紹介する．

n 個のデータ $x_i\,(i=1,\ldots,n)$ の平均 $\bar{x}$，分散 σ^2 を求める計算を考える．ここで，各々の定義は次に示す通りである：

$$\bar{x} = \frac{1}{n}\sum_{i=1}^{n} x_i \tag{1.10}$$

$$\sigma^2 = \frac{1}{n}\sum_{i=1}^{n}(x_i - \bar{x})^2 \tag{1.11}$$

分散 σ^2 は

$$\sigma^2 = \frac{1}{n}\sum_{i=1}^{n} x_i^2 - \bar{x}^2 \tag{1.12}$$

とも書き表せる．これらの量の計算法としてまず考えられるのは次の 2 つである：

計算法 (1)

1. 式 (1.10) によって平均 $\bar{x}$ を計算する．
2. その後，$\bar{x}$ を用いて式 (1.11) によって分散 σ^2 を計算する．

計算法 (2)

1. 平均 $\dfrac{1}{n}\sum_{i=1}^{n} x_i$ と二乗平均 $\dfrac{1}{n}\sum_{i=1}^{n} x_i^2$ を同時に計算する．
2. 式 (1.12) より分散 σ^2 を計算する．

この 2 つの計算法のうち，計算法 (1) では，式 (1.10) と式 (1.11) の両方を同時に計算することはできないので，データ x_i を貯えておくための配列が必要になる．これに対して計算法 (2) のほうでは，$\sum_i x_i$ と $\sum_i x_i^2$ は同時に計算できるので，配列は不要である．しかし別の問題が生ずる．以下それについて説明する．

いま，データ x_i の平均からの変動を δ_i で表す：

$$x_i = \bar{x} + \delta_i, \qquad i = 1, \ldots, n \tag{1.13}$$

ここで，$|\bar{x}| \gg |\delta_i|$ を仮定すると

$$\begin{aligned}
\frac{1}{n}\sum_{i=1}^{n} x_i^2 &= \frac{1}{n}\sum_{i=1}^{n}\left(\bar{x}^2 + 2\,\delta_i \bar{x} + \delta_i^2\right) \\
&= \bar{x}^2 + \frac{2\bar{x}}{n}\sum_{i=1}^{n}\delta_i + \frac{1}{n}\sum_{i=1}^{n}\delta_i^2 \\
&= \bar{x}^2 + \frac{1}{n}\sum_{i=1}^{n}\delta_i^2 \\
&\simeq \bar{x}^2
\end{aligned} \tag{1.14}$$

という関係が成り立つので，式 (1.12) を用いて分散を計算するときに桁落ちが起こる．これを防ぐ方法を考える．

いま $\bar{x}$ の 1 つの推定値（仮平均）を a とし，x_i から a を引いた値を y_i とする．すなわち

$$y_i = x_i - a, \qquad i = 1, \ldots, n \tag{1.15}$$

とする．このとき，x_i の平均 $\bar{x}$ と y_i の平均 $\bar{y}$ との関係は

$$\bar{x} = \bar{y} + a \tag{1.16}$$

となる．一方，分散 σ^2 は

$$\begin{aligned}\sigma^2 &= \frac{1}{n}\sum_{i=1}^{n}(x_i - \bar{x})^2 \\ &= \frac{1}{n}\sum_{i=1}^{n}y_i^2 - \bar{y}^2\end{aligned} \tag{1.17}$$

となる．したがって，$\bar{x}$ も σ^2 も y_i から求められる．仮平均 a が $\bar{x}$ の良い近似ならば，$\bar{y}$ はほぼ 0 になり，式 (1.17) では桁落ちの心配がなくなるので，x_i の代わりに y_i を用いたほうが有利である．

そこで，次に示す**仮平均法** (temporal mean method)（計算法 (3) とする）が提案されている：

計算法 (3)（仮平均法）

1. $\bar{x}$ の適当な推定値 a を求め，$y_i = x_i - a$ を計算する．
2. y_i の平均 $\dfrac{1}{n}\sum_{i=1}^{n}y_i$ と二乗平均 $\dfrac{1}{n}\sum_{i=1}^{n}y_i^2$ を計算する．
3. $\bar{x} = \bar{y} + a$ より平均 $\bar{x}$ を計算し，式 (1.17) より分散 σ^2 を計算する．

仮平均 a としては，x_i の最初の値 x_1 を選ぶか，あるいは，もう少し精度を上げたいならば，x_i の最初のほうのいくつかの値の平均を用いればよい．

例 1.5　データ x_i は，1000 ± 0.5 に一様に分布しているものとする．このとき，平均と分散は $\bar{x} = 1000$, $\sigma^2 = 1/12 (= 8.33333\cdots \times 10^{-2})$ となる．このような分布をもつ疑似乱数を $n = 2 \times 10^6$ 個発生させ，上に示した各計算法で平均，分散を求め精度を比較する．仮平均法では，仮平均の値 a は最初の 10 個の平均とする．

```
 1: /*
 2:         Temporal mean method for computing mean and variance.
 3: */
 4: #include <stdio.h>
 5: #include <stdlib.h>
 6: #define n       2000000
 7:
 8: float rnd()
 9: {
10:     float u;
11:     u=999.5+(float) rand()/(float) RAND_MAX;
12:     return (u);
```

```
13: }
14: main()
15: {
16:     int i;
17:     float a,s1=0,s2=0,temp=0;
18:     float y,x_bar,y_bar,sigma_2;
19:
20:     for (i=0; i<10; i++)
21:       temp+=rnd();
22:
23:     a=temp/10;
24:
25:     for (i=0; i<n; i++) {
26:       y=rnd()-a;
27:       s1+=y; s2+=y*y;
28:     }
29:
30:     y_bar=s1/(float) n;
31:     x_bar=y_bar+a;
32:     sigma_2=s2/(float) n-y_bar*y_bar;
33:
34:     printf(" mean = %12.5e, variance = %13.6e \n", x_bar,
35:           sigma_2);
36: }
```

表 1.4 平均, 分散を求める 3 つの計算法の比較

計算法		$\bar{x}$	σ^2
(1)	単	1.01645×10^3	2.70516×10^2
	倍	1.00000×10^3	8.32497×10^{-2}
(2)	単	1.01645×10^3	-1.50776×10^4
	倍	1.00000×10^3	8.32497×10^{-2}
(3)	単	1.00000×10^3	8.31529×10^{-2}
	倍	1.00000×10^3	8.32497×10^{-2}

　上の結果より，平均 $\bar{x}$ に関してはどの計算法もそれほど問題ないが，分散 σ^2 に関しては，計算法 (1), (2) (単精度) は異常な値を算出していることがわかる．これは，計算法 (1) では，$(x_i - \bar{x})^2$ における誤差の累積が，計算法 (2) では，$\frac{1}{n}\sum_i x_i^2 - \bar{x}^2$ の計算における桁落ちが顕著に現れたことによるのである．これに対して仮平均法 (計算法 (3)) は，単精度計算でも倍精度の他の計算法以上の高精度な値を算出している．

1.4 級数和の計算法

級数和の計算は数値計算ではかなり重要な位置を占めている．というのは，初等関数，超越関数の計算は，多くは多項式近似（級数和）によって行われているからである．ここでは e^x の計算を例に級数和の計算法を考える．

e^x のテイラー展開は

$$e^x = 1 + x + \frac{x^2}{2!} + \frac{x^3}{3!} + \cdots$$

である．この級数は，理論上は任意の x に対して収束するので（収束半径は無限大なので），級数和による近似法は，x の値に関係なく良い近似を与えると思いがちである．ところが，必ずしもそうならないことをここで示す．まずいくつかの計算法を提示する．

- 計算法 (1)

  与えられた x に対してそのままテイラー展開を計算する．この場合，次のような計算法が望ましい．

```
                ● y = e^x の計算法 (1) ●
 1: if x = 0 then
 2:     y := 1;
 3: else
 4:     i := 0; s_1 := 1; t := 1;
 5:     repeat
 6:         s_0 := s_1;
 7:         i := i + 1;
 8:         t := t * (x/i);
 9:         s_1 := s_0 + t;
10:     until s_1 = s_0;
11:     y := s_1;
12: end if
```

- 計算法 (2)

  $x \geq 0$ なら x に対してそのまま計算法 (1) を適用する．$x < 0$ なら $-x$ に適用して e^{-x} の近似を求め，その逆数を計算する．

- 計算法 (3)

  まず x を整数部 m と小数部 f に分け，すなわち，
  $$m = \lfloor x \rfloor, \qquad f = x - m$$
  とし（C 言語では $\lfloor x \rfloor$ は `floor`, `floorf` など），小数部 f に計算法 (1) を適用し
  $$\mathrm{e}^x = \mathrm{e}^m \cdot \mathrm{e}^f$$
  として求める．ここで e^m は $\mathrm{e} = 2.718281828\cdots$ の値を求めておき，これを m 乗する．

ここでは，$-6 \leq x \leq 0$ の範囲に等間隔とった 600 点 $(x_k, k = 1, 2, \ldots, 600)$ に対して上に示した 3 つの計算法を適用し，収束するまでの展開項数，および誤差の比較を行う．誤差の比較は，相対誤差の二乗平均の平方根

$$E = \left(\frac{1}{600} \sum_{k=1}^{600} r_k^2 \right)^{1/2}, \qquad r_k \text{ は点 } x_k \text{ における相対誤差}$$

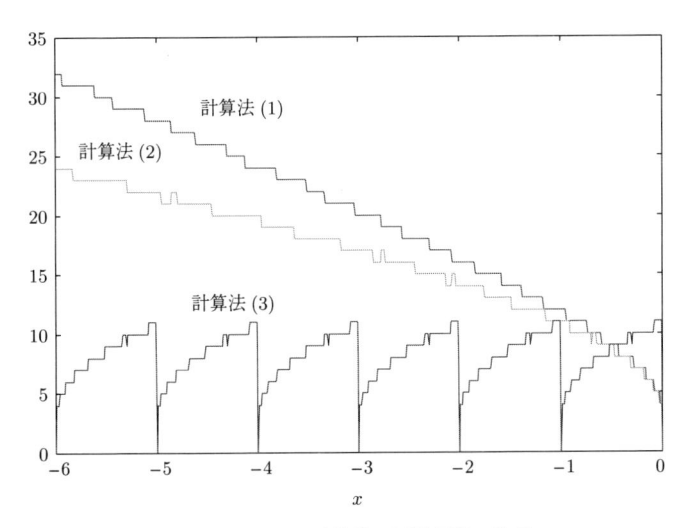

図 **1.5** 3 つの計算法の展開項数の比較

で行う．次に，$x = -5.5$ のとき，$t_i = x^i/i!\, (i = 0, 1, \ldots)$ の変化の様子を図 1.6 に示しておく．この図より，計算法 (1) では，大きな数から大きな数を引いて小さい数 $\mathrm{e}^{-5.5} = 0.004086771438\cdots$ を作り出していることがわかる．したがって，計算法 (1) は x の値が負で絶対値が大きいとき，桁落ちに弱い計算法ということになる．3 つの計算法を総合すれば，誤差，計算量の両面において計算法 (3) が優れていることがわかる．

なお，級数和の計算法に関しては [18] に多くの示唆がある．

表 **1.5** 各計算法の相対誤差の二乗平均の平方根 E

計算法 (1)	計算法 (2)	計算法 (3)
1.723×10^{-4}	1.006×10^{-7}	7.616×10^{-8}

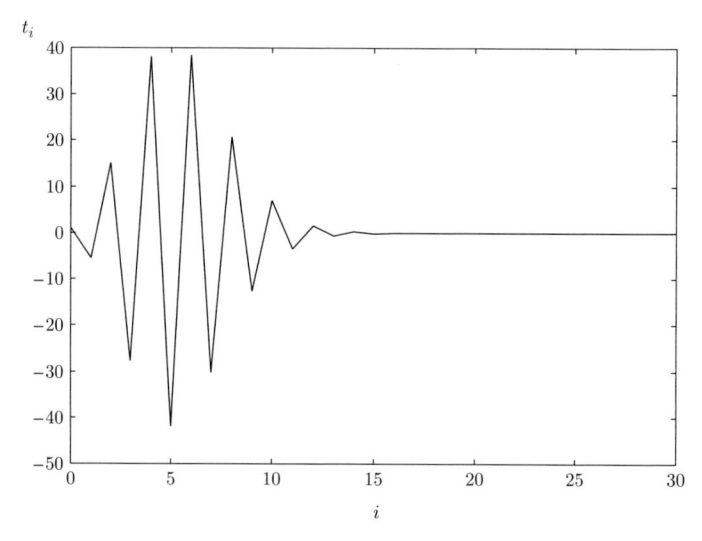

図 **1.6** i と $t_i = x^i/i!$ の関係（$x = -5.5$ の場合）

1.5　π の計算法

ここで π の計算法を考える．半径 1 の円に内接する正 n 角形の周長の半分を l_n とすると，n が大きければ大きいほど，l_n は半円の周長 π に近づくはずである．数学的には

$$\lim_{n\to\infty} l_n = \lim_{n\to\infty} n \sin\left(\frac{\pi}{n}\right) = \pi \tag{1.18}$$

ということなので収束性は保証されているが，問題は収束の速さである．

$\sin x$ のテイラー展開より l_n は

$$l_n = \pi - \frac{\pi^3}{6\,n^2} + \frac{\pi^5}{120\,n^4} + \mathrm{O}\left(\frac{1}{n^6}\right) \tag{1.19}$$

となる．これより，n を 2 倍ずつ増やしていけば誤差はほぼ 1/4 ずつ減少することがわかる．ここで，$n = 2^m\,(m=1,2,\ldots)$ とし，l_n の値を L_m で表すことにする：

$$\begin{aligned} L_m = l_{2^m} &= 2^m \sin\left(\frac{\pi}{2^m}\right) \\ &= \pi - \frac{\pi^3}{6\cdot 4^m} + \frac{\pi^5}{120\cdot 16^m} + \mathrm{O}\left(\frac{1}{64^m}\right), \qquad m=1,2,\ldots \end{aligned} \tag{1.20}$$

また，L_m の誤差を e_m で表す：

$$e_m := L_m - \pi \simeq -\frac{\pi^3}{6\cdot 4^m} \tag{1.21}$$

次に L_m の計算法を考えよう．L_m の計算には $\sin(\pi/2^m)$ が必要になってくる．この値は，半角の公式

$$\sin\left(\frac{\alpha}{2}\right) = \sqrt{\frac{1-\cos\alpha}{2}} = \sqrt{\frac{1-\sqrt{1-\sin^2\alpha}}{2}} \tag{1.22}$$

を用いれば，$\sin(\pi/2) = 1$ より順次 $\sin(\pi/4),\sin(\pi/8),\ldots$ と計算されていく．だが，この式を用いた計算法では，m が大きくなっていくと（α が小さくなっていくと），桁落ちを起こしやすくなるので，変形して

$$\sin\left(\frac{\alpha}{2}\right) = \frac{\sin\alpha}{\sqrt{2\left(1+\sqrt{1-\sin^2\alpha}\right)}} \tag{1.23}$$

とするほうが有利である．

以上より，次のアルゴリズムを得る：

表 1.6 L_m の値

m	L_m	$e_m (= L_m - \pi)$
1	2.000000000000000e+00	-1.142e+00
2	2.828427124746190e+00	-3.132e-01
3	3.061467458920718e+00	-8.013e-02
4	3.121445152258052e+00	-2.015e-02
5	3.136548490545939e+00	-5.044e-03
6	3.140331156954753e+00	-1.261e-03
7	3.141277250932773e+00	-3.154e-04
8	3.141513801144301e+00	-7.885e-05
9	3.141572940367091e+00	-1.971e-05
10	3.141587725277160e+00	-4.928e-06
11	3.141591421511200e+00	-1.232e-06
12	3.141592345570118e+00	-3.080e-07
13	3.141592576584872e+00	-7.700e-08
14	3.141592634338563e+00	-1.925e-08
15	3.141592648776986e+00	-4.813e-09

● π の計算法 ●

1: $s_0 := 1$;
2: **for** $m := 2$ **to** $\cdots$ **do**
3: $\quad s_1 := \dfrac{s_0}{\sqrt{2\left(1 + \sqrt{1 - s_0^2}\right)}}$;
4: $\quad L_m := 2^m s_1$;
5: $\quad s_0 := s_1$;
6: **end for**

L_m の値を表 1.6 に示す.この表より,$m = 15$ あたりまでは順調に収束していることがわかる.また,図 1.7 を見れば,桁落ちの処理を行った式 (1.23) による計算値 (図中の L_m) は m の増加とともに順調に収束していることがわかる.なお,数列 $\{L_m\}$ の収束を加速する手法については第 7 章で学ぶ.

最後に,この章を終わるにあたり倍精度計算について重要なことを付け加えておく.本章では,誤差の影響が顕著に表れるようにするため(教育上の理由で),主に単精度 (float) を用いたプログラムを提示してきた.しかし前に学んだ通り,

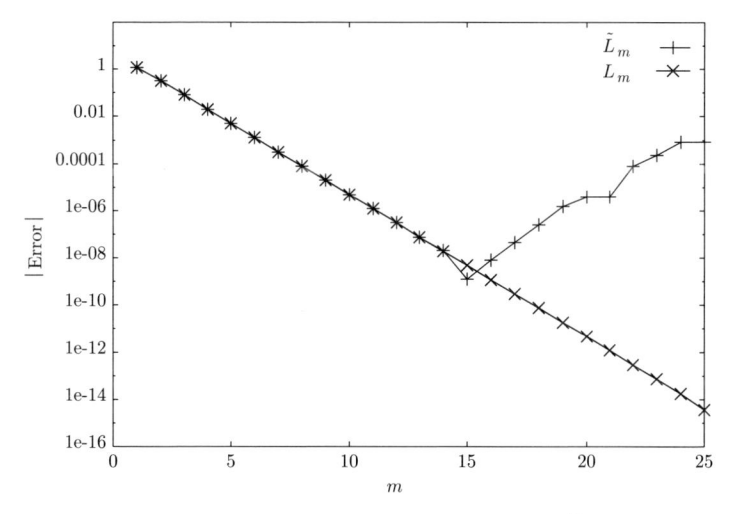

図 1.7 桁落ちの処理を行った値 L_m と行わない場合の値 $\tilde{L}_m$ の誤差の比較

IEEE 754 に準拠する計算機では，倍精度計算は，単精度のちょうど倍の記憶容量を必要とするが，単精度の倍より少し多めの有効桁が確保され，指数範囲もかなり大きくなっている．そのため，精度が飛躍的に上昇するだけでなく，オーバーフロウ，アンダーフロウの危険も減る．したがって，メモリを「湯水の如く」使えるようになった現在では，躊躇せず倍精度計算を行うべきである．なお，C 言語の倍精度演算で使用可能な関数は付録 B に掲載しておいた．

1.6 演習問題

1. 単精度浮動小数点数の内部表示を見るプログラムを書き換え，倍精度浮動小数点数の内部表示を見れるようにせよ．

2. 桁落ちに配慮し，2 次方程式の解を求めるプログラムを書け．

3. 次式を ( ) 内の条件で計算するとき，桁落ちが起きることが予想される．それを防ぐにはどのような式変形を行えばよいか．
   (a) $1 - 1/\sqrt{1+x}$, $(|x| \ll 1)$
   (b) $1/(x+1) - 1/x$, $(|x| \gg 1)$
   (c) $(x+1)^2 - x^2$, $(|x| \gg 1)$
   (d) $\cos(x+\varepsilon) - \cos(x-\varepsilon)$, $(|x| \gg |\varepsilon|)$

(e) $\sin x/(1-\cos x)$, $(x \simeq 0)$
(f) $e^x - 1$, $(x \simeq 0)$

4. $f(x) = x^n$ の計算における条件数を求めよ．

5. 式 (1.11), (1.12) と (1.17) が同じであることを証明せよ．

6. e^x の計算法の計算法 (3) では，f は $0 \leq f < 1$ の範囲に入っている．これに対して
$$m = \lfloor x + 0.5 \rfloor, \quad f = x - m$$
とすると（四捨五入すると），f は $-0.5 \leq f \leq 0.5$ の範囲に入るので，反復回数の平均は小さくなるはずである．この方法と計算法 (3) とを精度，反復回数において比較せよ．

7. 単位円に内接する正 n 角形の周長の半分を $\underline{L}_n$ とし，外接する正 n 角形の周長の半分を $\bar{L}_n$ とする．このとき
$$\frac{\bar{L}_n + 2\underline{L}_n}{3}$$
は $\bar{L}_n$ や $\underline{L}_n$ よりも速く π に収束する．その理由を考察せよ．

🖉 第 1 章のまとめ 🖉

- 計算機による数値計算
  - 計算機といえども有限の桁数で計算しているので誤差が生じる．
  - 数値は浮動小数点数に変換され，計算が行われる．
  - 通常，浮動小数点数は IEEE754 という規格で計算機内部に記憶されている．
- 浮動小数点数の演算における丸め誤差
  - 有限桁演算によって生じる誤差を丸め誤差と呼んでいる．

- 浮動小数点数は大きな数も小さな数も有効桁が等しい．
  - 浮動小数点演算では，$\varepsilon > 0$ に対して $1+\varepsilon$ を計算した場合，常にこの値が 1 より大きくなるとは限らない．
  - $1+\varepsilon > 1$ となる最小の数 $\varepsilon > 0$ をマシン・エプシロンと呼んでいる．
  - 入力データは，入力することにより，常にマシン・エプシロン程度の相対誤差をもっていると思わなければならない．

- 情報落ち

  - 加算 $a+b$ において $|a| > |b|$ のとき，b の情報の一部（あるいは全部）が伝わらないことが起こり得る．これを情報落ちと呼んでいる．
  - 小さいものを集めて大きいものに加えるように式変形を行うとある程度情報落ちは防げる．

- 桁落ちについて

  - 減算 $a-b$ において a,b の値が非常に近い場合，有効桁が減少し，その結果，誤差が相対的に増大する現象を桁落ちと呼んでいる．
  - 桁落ちを防ぐには，できるだけ引き算を避けるようにする．

- 条件数

  - 入力データ x が誤差を含むとき，その x を用いて $f(x)$ を計算すれば，x のもつ相対誤差が最悪の場合，条件数倍に拡大される．

- 誤差の伝播

  - 加（減）算では，計算結果はそれぞれの絶対誤差の和（差）に相当する絶対誤差をもつ．
  - 乗（除）算では，計算結果はそれぞれの相対誤差の和（差）に相当する相対誤差をもつ．

- 通常，浮動小数点演算は，単精度 (float) と倍精度 (double) の 2 つの演算が容易されている．倍精度演算は，記憶容量は単精度演算の倍になるが，有効桁数は倍以上で，演算時間は変わらない．

第 2 章
非線形方程式を解く

方程式

$$f(x) = 0$$

の解を求める場合，この方程式が **1 次方程式** (linear equation) ならば，計算機を用いなくとも（せいぜい電卓を用いて）簡単に解ける．しかし，それ以外の場合，すなわち**非線形方程式** (non-linear equation) の場合，一部の例外を除けばそれほど簡単ではない．その例外の代表として 2 次方程式がある．2 次方程式の場合，解を与える公式が存在するので，前章で学んだように桁落ちに配慮しながらプログラムを書けば，十分な精度で解が求まる．また，あまり知られてはいないが，3 次，4 次の方程式にもやはり求解公式が存在するので，プログラムを書くとき，それなりの数値解析の素養は要求されるにしても，特別なアルゴリズムを用いなくてもよい．

一方，求解公式が存在しない一般の非線形方程式に対しては，何らかの近似計算法を用いざるを得ない．非線形方程式の近似解法は，コンピュータの誕生以前から多くのものが提案されてきたが，本章では，それらの中で最も原理が簡単でわかりやすい二分法，それから二分法ほどではないが，やはりわかりやすく収束の速いニュートン法を中心に学ぶ．

2.1 二分法

二分法 (bisection method) とは，解そのものを求めるのではなく，解が存在

する区間を求める計算法である．具体的には，解が存在することが確定している（大きな）区間から始め，その区間の長さを逐次半分ずつ狭めていく方法である．この方法はもっとも原始的なものであるが，関数 $f(x)$ が連続で，解が単根であれば，どんな方程式でも確実に収束する（反復 1 回ごとに 1 bit ずつ精度が向上していく）という非常に優れた特徴をもった解法である．

ここで，関数 $f(x)$ を連続関数と仮定し，2 つの点 $a, b\,(a < b)$ で条件

$$f(a) < 0, \qquad f(b) > 0$$

を満たしているものとする（もしこの条件が逆ならば，$-f(x)$ を $f(x)$ と置き換えればよい）．このとき直観的に明らかなように，解 α は区間 (a, b) の中に必ず存在する（理論的には中間値の定理（付録 A.2 参照）で証明される）．次に，区間の中点 $c = (a+b)/2$ における $f(x)$ の符号を調べ，$f(c) > 0$ ならば解 α は区間 (a, c) の中に必ず存在するはずである．また，$f(c) < 0$ ならば解は必ず (c, b) の中に存在するはずである．いずれにしても解が存在する区間の幅を半分に狭めることができるので，このようなことを繰り返していけば，解が存在する区間幅を限りなく狭めることができる．実際にプログラムを作成するときは，あらかじめ定めておいた微小量 $\varepsilon > 0$ に対して

$$|f(c)| \leq \varepsilon \tag{2.1}$$

となったら反復を止めるようにする．

● 二分法 ●

```
 1: {** Choose a,b such that a < b, f(a) < 0, f(b) > 0 **}
 2: read (a, b);
 3: repeat
 4:    c := (a+b)/2;
 5:    if f(c) > 0 then
 6:       c := b;
 7:    else
 8:       c := a;
 9:    end if
10: until |f(c)| ≤ ε;
```

例 2.1 方程式

$$f(x) = x + \log x = 0$$

の解を二分法で求める．a, b の初期値を $a = 0.5, b = 1$ とする．

```
 1: /*
 2:    Bisection method
 3: */
 4: #include <stdio.h>
 5: #include <math.h>
 6:
 7: double f(double x)
 8: {
 9:   return (x+log (x));
10: }
11:
12: main()
13: {
14:   double a=0.5, b=1.0, c, fc, eps=0.0001;
15:   int k=0;
16:
17:   c=(a+b)/2; fc=f(c);
18:   do {
19:     printf(" k= %2d, a= %f, c= %f, b= %f, f(c)= %f\n",
20:     k,a,c,b,fc);
21:     if ( fc > 0 ) b=c;
22:     else a=c;
23:
24:     c=(a+b)/2;
25:     fc=f(c);
26:     k++;
27:   } while (fabs(fc) > eps);
28:   printf(" k= %2d, a= %f, c= %f, b= %f, f(c)= %f\n",
29:         k,a,c,b,fc);
30: }
```

最後に式 (2.1) の ε の選び方について述べておく．反復を繰り返していくうちに，偶然，中点 c が解そのものになることは（極めて稀ではあるが）当然あり得る．したがって，$f(c)$ の符号を判定するとき，ついでに「$f(c) = 0$ なら反復を止めよ」という指示を付け加えるのは構わない．しかし，c が解そのものであっても，一般には丸め誤差その他の誤差のため，$f(c)$ の値がちょうど 0 になることはほとんど期待できないので，反復停止条件 (2.1) を「$|f(c)| = 0$ なら反復を停止せよ」に置き換えるべきではない（上記プログラムの 27 行を while (fabs(fc)>0) に

表 2.1 $x + \log x = 0$ に二分法を適用した結果

k	a	c	b	$f(c)$	$\log_2 |a - b|$
0	0.500000	0.750000	1.000000	0.462318	-1.000000
1	0.500000	0.625000	0.750000	0.154996	-2.000000
2	0.500000	0.562500	0.625000	-0.012864	-3.000000
3	0.562500	0.593750	0.625000	0.072453	-4.000000
4	0.562500	0.578125	0.593750	0.030160	-5.000000
5	0.562500	0.570312	0.578125	0.008742	-6.000000
6	0.562500	0.566406	0.570312	-0.002037	-7.000000
7	0.566406	0.568359	0.570312	0.003358	-8.000000
8	0.566406	0.567383	0.568359	0.000662	-9.000000
9	0.566406	0.566895	0.567383	-0.000687	-10.00000
10	0.566895	0.567139	0.567383	-0.000013	-11.00000

置き換えるべきではない）．また ε をあまり小さくするのも同様の理由から危険である．結局，式 (2.1) の ε は，計算中に現れる最大項にマシン・エプシロンを掛けた程度の値より大きければ安全ということになるだろう．これはもちろん二分法に限った話ではない．

2.2 ニュートン法

ニュートン法 (Newton method) は，非線形方程式の解を求める解法としては最も有名なものであり，原理は二分法ほどでないにしてもかなり簡単である．

いま，$y = f(x)$ 上のある点 $(x_0, f(x_0))$ で接線を引けば，$f(x)$ が比較的滑らかな関数であれば，この接線は x_0 の近辺では $f(x)$ の良い近似になっているはずである．したがって，x_0 と $f(x) = 0$ の解 α が近ければ，この接線と x-軸との交点は α の良い近似になっているはずである．そこで，このことを期待して接線の x-軸との交点（x_1 とする）を求める：

$$x_1 = x_0 - \frac{f(x_0)}{f'(x_0)}$$

上で述べた期待が正しければ，x_1 は x_0 よりもさらに解 α に近づいているはずであるので，$(x_1, f(x_1))$ でも同じことを繰り返し，新しく求まった点を x_2 とする．以下同じことを限りなく繰り返していけば限りなく解 α に近づく（収束する）ことが期待できる．

すなわち，ニュートン法の反復式は

---ニュートン法----------------------------------

$$x_{k+1} = x_k - \frac{f(x_k)}{f'(x_k)}, \qquad k = 0, 1, \ldots \tag{2.2}$$

である．

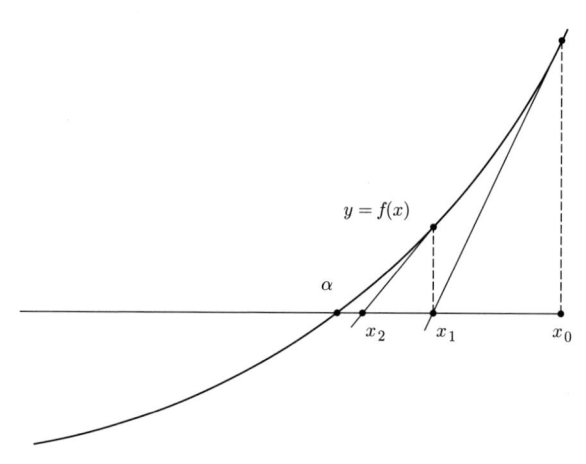

図 2.1　ニュートン法の原理

　ニュートン法の応用として最も広く知られているのは平方根の計算であろう．実数 $a\,(a>0)$ の平方根 $\sqrt{a}$ は，2 次方程式

$$x^2 - a = 0$$

の 1 つの解である．この方程式にニュートン法を適用すると

$$\begin{aligned}x_{k+1} &= x_k - \frac{x_k^2 - a}{2\,x_k} \\ &= \frac{1}{2}\left(x_k + \frac{a}{x_k}\right), \qquad k = 0, 1, \ldots\end{aligned}$$

という反復式が得られる．この場合，$x_0 > \sqrt{a}$ であれば単調に収束するが（演習問題），$x_0 \gg \sqrt{a}$ とすると，初めのうちは x_k はほぼ 1/2 ずつ減少し，ゆっく

りと $\sqrt{a}$ に近づいていく．ニュートン法では，初期値 x_0 の選び方によって収束速度がまったく異なるし，求めようとする解でない別の解に収束することもある．極端な場合には，どこにも収束しないことすらある．

例 2.2 3 次方程式
$$x^3 - 2x + 2 = 0 \tag{2.3}$$
の解をニュートン法で求めてみる．初期値を $x_0 = -1.1$ とする．

```
 1: /*
 2:         Newton method
 3: */
 4:
 5: #include <stdio.h>
 6: #include <math.h>
 7: #define eps 1.0e-15
 8:
 9: double f(double x)
10: {
11:    return x*x*x-2.0*x+2.0;
12: }
13:
14: double g(double x)
15: {
16:    return 3.0*x*x-2.0;
17: }
18:
19: main()
20: {
21:    int k=0;
22:    double x0,x1,f0,g0;
23:
24:    x0=-1.1;
25:    f0=f(x0); g0=g(x0);
26:    printf(" k                  x(k)                     f(x(k)) \n");
27:    printf("%3d  %25.15e  %10.3e  \n",k,x0,f0);
28:    while( fabs(f0) > eps) {
29:       x1=x0-f0/g0;
30:       k++;
31:       x0=x1;
32:       f0=f(x0);
33:       g0=g(x0);
34:       printf("%3d  %25.15e  %10.3e  \n",k,x0,f0);
35:    }
36: }
```

表 2.2 方程式 (2.3) に $x_0 = -1.1$ としてニュートン法を適用した場合

k	x_k	$f(x_k)$
0	-1.100000000000000e+00	2.869e+00
1	-2.860122699386503e+00	-1.568e+01
2	-2.164657223087728e+00	-3.814e+00
3	-1.848356485722793e+00	-6.181e-01
4	-1.773434389574454e+00	-3.071e-02
5	-1.769304621075152e+00	-9.067e-05
6	-1.769292354346692e+00	-7.987e-10
7	-1.769292354238631e+00	8.327e-17

この例では，最初はゆっくりであるが，最終段階では一気に収束していくことが $f(x_k)$ の値から見て取れる．

例 2.3 同じ方程式に，今度は初期値 $x_0 = 1.0$ としてニュートン法を適用すると，1.0 と 0.0 の間を循環し，永久に収束しないことがわかる．なぜそうなるかは図 2.2 を見れば容易にわかるだろう．

表 2.3 方程式 $x^3 - 2x + 2 = 0$ に $x_0 = 1.0$ としてニュートン法を適用した場合

k	x_k	$f(x_k)$
0	1.000000000000000e+00	1.000e+00
1	0.000000000000000e+00	2.000e+00
2	1.000000000000000e+00	1.000e+00
3	0.000000000000000e+00	2.000e+00
4	1.000000000000000e+00	1.000e+00
5	0.000000000000000e+00	2.000e+00
6	1.000000000000000e+00	1.000e+00
7	...	...

上の例が示すように，ニュートン法は常にうまくいくとは限らないので，二分法のように着実に収束する方法を用いて，ある程度近づいてからニュートン法を開始するのが安全である．また，2.4 節で説明する減速ニュートン法も有効である．

2.3 代数方程式とニュートン法

次のような n 次代数方程式

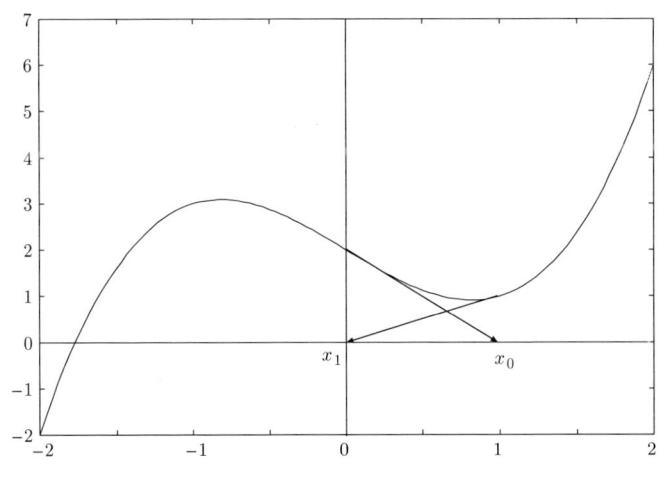

図 2.2 $y = x^3 - 2x + 2$ のグラフとニュートン法

$$P(x) = a_n x^n + a_{n-1} x^{n-1} + \cdots + a_1 x + a_0 = 0 \tag{2.4}$$

の解をニュートン法で求めることを考える．n 次代数方程式の 2 つ以上の解を求めたいときは，1 つの解 α が求まったならば，多項式 $P(x)$ を $(x - \alpha)$ で割って得られた商多項式に再びニュートン法を適用することになる．ニュートン法で必要な $P(x)$ と $P'(x)$ の計算と商多項式の計算を効率的に行う方法について学ぶ．

ここで $P(x)$ を $(x - \alpha)$ で割って得られる商多項式を $Q(x)$，余りを R とする．そうすると

$$P(x) = (x - \alpha) Q(x) + R \tag{2.5}$$

が成り立つから，直ちに

$$P(\alpha) = R$$

を得る．すなわち，$P(x)$ を $(x - \alpha)$ で割った余りを計算することによって $P(\alpha)$ が得られる．一方，式 (2.5) を x で微分することによって

$$P'(\alpha) = Q(\alpha)$$

となるから，同様に商多項式 $Q(x)$ を $(x - \alpha)$ で割った余りを計算することによって $P'(\alpha)$ も得られる．

商と余りの計算は，**ホーナー法** (Horner's scheme)，あるいは**組み立て除法** (synthetic division) と呼ばれる方法を用いると効率的に行える．いま $Q(x)$ と R を

$$Q(x) = b_n\,x^{n-1} + b_{n-1}\,x^{n-2} + \cdots + b_1, \qquad R = b_0$$

とおけば，式 (2.5) より

$$P(x) = (x - \alpha)\,(b_n\,x^{n-1} + b_{n-1}\,x^{n-2} + \cdots + b_1) + b_0 \qquad (2.6)$$

であり，この式の両辺を比較することによって

$$\begin{cases} b_n = a_n \\ b_{n-1} = b_n\,\alpha + a_{n-1} \\ b_{n-2} = b_{n-1}\,\alpha + a_{n-2} \\ \quad \cdots \\ b_0 = b_1\,\alpha + a_0 \end{cases} \qquad (2.7)$$

という結果が得られる．一方，$Q(x)$ を $(x - \alpha)$ で割って得られた商多項式を $S(x)$，余りを T とし，それらを

$$S(x) = c_{n-1}\,x^{n-2} + c_{n-2}\,x^{n-3} + \cdots + c_1, \qquad T = c_0$$

とすると

$$Q(x) = (x - \alpha)\,S(x) + T$$

より

$$\begin{cases} c_{n-1} = b_n \\ c_{n-2} = c_{n-1}\,\alpha + b_{n-1} \\ c_{n-3} = c_{n-2}\,\alpha + b_{n-2} \\ \quad \cdots \\ c_0 = c_1\,\alpha + b_1 \end{cases} \qquad (2.8)$$

が得られる．組み立て除法を手計算で行うときは以下のような図を書いて行うとわかりやすい（図 2.3）．

```
              3   −2    1   −1 | 2
                   6    8   18
       +) ─────────────────────
              3    4    9   17
                   6   20
       +) ─────────────────────
              3   10   29
```

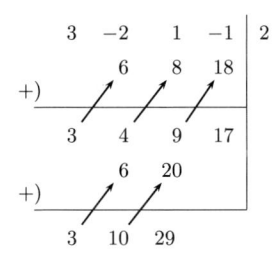

図 **2.3** $P(x) = 3x^3 - 2x^2 + x - 1$ のときの $P(2) = 17$ と $P'(2) = 29$ の計算

以上の計算法をニュートン法に組み込めば次のようになる．

● **ニュートン法 (1)** ●

1: $k := 0; \ x_0 := \alpha;$
2: **repeat**
3:   $b_n := a_n;$
4:   $c_{n-1} := b_n;$
5:   **for** $i := n-1$ downto 1 **do**
6:    $b_i := b_{i+1} * x_k + a_i;$
7:    $c_{i-1} := c_i * x_k + b_i;$
8:   **end for**
9:   $b_0 := b_1 * x_k + a_0;$
10:   $x_{k+1} := x_k - b_0/c_0;$
11:   $k := k + 1;$
12: **until** $|b_0| < \varepsilon$

上のアルゴリズムでは c_i は最終的には c_0 のみしか用いないので，実際にプログラムを書くときは，c_i のための配列を用意せず，同一の変数（例えば c とする）に次々と上書きしていっても構わない．また，1 つの解だけを求めてそれで終わりにするならば，商多項式 $Q(x)$ も不要なので，b_i についても同様に配列は不要になる．このような方針の下に書き換えると次のようになる：

● ニュートン法 (2) ●

1: $k := 0;\ x_0 := \alpha;$
2: **repeat**
3:    $b := a_n;$
4:    $c := b;$
5:    **for** $i := n-1$ **downto** 1 **do**
6:       $b := b * x_k + a_i;$
7:       $c := c * x_k + b;$
8:    **end for**
9:    $b := b * x_k + a_0;$
10:   $x_{k+1} := x_k - b/c;$
11:   $k := k+1;$
12: **until** $|b| < \varepsilon$

例 2.4 代数方程式

$$P(x) = x^4 - x^3 - x^2 - x - 1 = 0 \tag{2.9}$$

の区間 $[1, 2]$ に存在する解をニュートン法で求める．

```
 1: /*
 2:    Newton method for the algebraic equation
 3:      a_n x^n + ...+ a_1 x +a_0 =0.
 4: */
 5: #include <stdio.h>
 6: #include <math.h>
 7: #include <stdlib.h>
 8: #define eps 1.0e-10
 9: main()
10: {
11:    int i,k,n;
12:    double *a,b,c,x0,x1;
13:    n=4;
14:    a=(double *) malloc((n+1)*sizeof(double));
15:
16:    a[4]=1; a[3]=-1.; a[2]=-1; a[1]=-1; a[0]=-1;
17:    k=0;
18:    x0=2.0;
19:    do {
20:       b=a[n];c=a[n];
```

```
21:        for (i=n-1; i>=1; i--) {
22:          b=b*x0+a[i];
23:          c=c*x0+b;
24:        }
25:        b=b*x0+a[0];
26:
27:        x1=x0-b/c;
28:        printf(" k=% 2d,   x_k=%25.15e,  |P(x_k)|= %11.3e \n",
29:              k,x0,fabs(b));
30:        k++;
31:        x0=x1;
32:      } while (fabs(b)>eps);
33:      printf(" Solution is:%25.15e \n",x0);
34: }
```

表 2.4 方程式 (2.9) にニュートン法を適用した結果

k	x_k	$|P(x_k)|$
0	2.000000000000000e+00	1.000e+00
1	1.933333333333333e+00	7.350e-02
2	1.927602458069584e+00	5.120e-04
3	1.927561977492864e+00	2.542e-08
4	1.927561975482925e+00	1.305e-15
5	1.927561975482925e+00	1.305e-15

　よく知られているように，係数 a_i のすべてが実数であったとしても，代数方程式 (2.4) の解が実数になるとは限らない．ところが上のプログラムは複素解に対応していない．複素解を求めるには，初期値 x_0 を複素数に選び，複素演算をサポートしている言語でプログラムを書かなければならない．複素演算をサポートしていない言語でプログラムを書くときは，実数演算のみで複素解が求められる解法を用いる必要がある．そのような解法に**ベアストウ法** (Bairstow's method) と呼ばれる解法がある．この解法では，$P(x)$ に含まれる 2 次因子をくくり出し，得られた 2 次因子（2 次方程式）の解を「解の公式」によって求めていく．ベアストウ法については専門書（例えば [27]）に譲ることにする．

　また，前にも述べたように上に示した計算法（プログラム）では，1 つの解 α が求まったら $P(x)$ を $(x-\alpha)$ で割って商を求め，それにまたニュートン法を適用し，ということを繰り返していくことになる．このような操作を**減次** (deflation) と呼んでいる．一般に減次を次々に行っていくと誤差が累積するため，高次方程式

の場合は高精度の結果は期待できない．高次方程式のすべての解を同時に高精度で求めたいときは，**デュラン・カーナー型解法** (Durand–Kerner type method)[23] が有効である．この解法も複素演算が必須の解法である．なお，C 言語の複素演算に関しては付録 B.2 を参照すること．

2.4　減速ニュートン法

例 2.3 のように，ニュートン法が収束しない場合，次に示す**減速ニュートン法** (damped Newton method) が有効なことがある．

● 減速ニュートン法 ●

1: $k := 0$;
2: read (x_0);
3: **repeat**
4: 　$\mu := 2$;
5: 　$\Delta_k := -f(x_k)/f'(x_k)$;
6: 　**repeat**
7: 　　$\mu := \mu/2$;
8: 　　$y := x_k + \mu \Delta_k$;
9: 　**until** $|f(y)| < (1 - \mu/2)|f(x_k)|$;
10: 　$k := k + 1$;
11: 　$x_k := y$;
12: **until** $|f(x_k)| < \varepsilon$;

例 2.5　方程式 (2.3) に減速ニュートン法を適用した結果を表 2.5 に示す．

```
1: /*
2:    Damped-Newton method
3: */
4: #include <stdio.h>
5: #include <math.h>
6: #define eps 1.0e-15
7:
8: double f(double x)
9: {
```

```
10:     return x*x*x-2.0*x+2.0;
11: }
12:
13: double g(double x)
14: {
15:     return 3.0*x*x-2.0;
16: }
17:
18: main()
19: {
20:     int k=0;
21:     double delta,x0,x1,y,f0,f1,g0,mu;
22:
23:     x0=1;
24:     f0=f(x0); g0=g(x0);
25:     printf(" k=%2d, x_k=%25.15e, f(x_k)=%10.3e \n",k,x0,f0);
26:
27:     while( fabs(f0) > eps ) {
28:        mu=2.0;
29:        delta=-f0/g0;
30:        do {
31:           mu/=2;
32:           y=x0+mu*delta;
33:           f1=f(y);
34:        } while (fabs(f1)>(1-mu/2)*fabs(f0));
35:        k++;
36:        x1=y;
37:        f0=f(x1); g0=g(x1);
38:        x0=x1;
39:        printf(" k=%2d, x_k=%25.15e, f(x_k)=%10.3e,"
40:        "mu=%10.3e \n",k,x0,f0,mu);
41:     }
42: }
```

表 2.5 方程式 (2.3) に減速ニュートン法を適用した結果

k	x_k	$f(x_k)$	μ
0	1.000000000000000e+00	1.000e+00	
1	8.750000000000000e-01	9.199e-01	1.250e-01
2	8.265830592105263e-01	9.116e-01	1.562e-02
3	8.176304571911105e-01	9.113e-01	4.883e-04
4	-1.744069264118932e+00	1.831e-01	1.562e-02
5	-1.769761777927400e+00	-3.471e-03	1.000e+00
6	-1.769292512407413e+00	-1.169e-06	1.000e+00
7	-1.769292354238649e+00	-1.329e-13	1.000e+00
8	-1.769292354238631e+00	8.327e-17	1.000e+00

表 2.5 より，初めの数回は減速され，後半はいっきに収束していることがわかる．なお，減速ニュートン法の収束性については文献 [28] を参照すること．

ここで，$f(x)$ が複雑な形をしているため，導関数 $f'(x)$ が容易に計算できない場合について考える．導関数 $f'(x)$ は，十分に近い 2 つの値 x, y によって

$$f'(x) \simeq \frac{f(y) - f(x)}{y - x}$$

として近似できる．そこで，上式右辺を式 (2.2) の $f'(x_k)$ の代わりに用いると

セカント法

$$x_{k+1} = x_k - f(x_k) \frac{x_k - x_{k-1}}{f(x_k) - f(x_{k-1})}, \qquad k = 1, 2, \ldots \qquad (2.10)$$

のような反復法が得られる．この反復法を用いて計算するときは，初期値が 2 つ，すなわち，x_0 と x_1 が必要になる．式 (2.10) を用いる解法を**セカント法**（割線法）(secant method) と呼んでいる．この方法は，理論上はニュートン法より収束が遅いが，反復 1 回あたりの関数評価の回数がニュートン法より少ないため（$f(x_{k-1})$ の値は前回に計算したものを用いるので $f(x_k)$ だけ計算すればよい），収束までの時間は逆に少なくなることも起こり得る．

例 2.6 方程式 (2.3) の解をセカント法を用いて解く．

```
 1: /*
 2:      Secant method
 3: */
 4:
 5: #include <stdio.h>
 6: #include <math.h>
 7: #define eps 1.0e-15
 8:
 9: double f(double x)
10: {
11:    return x*x*x-2*x+2;
12: }
13:
14: main()
15: {
16:    int k;
17:    double x0=-2.0,x1=-1.1,x2,f0,f1,f2;
```

```
18:
19:    printf("  k                x(k)                    f(x(k))  \n");
20:
21:    k=0; f0=f(x0);
22:    printf("%3d   %25.15e   %10.3e   \n",k,x0,f0);
23:
24:    k=1; f1=f(x1);
25:    printf("%3d   %25.15e   %10.3e   \n",k,x1,f1);
26:
27:    while( fabs(f1) > eps ) {
28:      x2=x1-f1*(x1-x0)/(f1-f0);
29:      f2=f(x2);
30:      k++;
31:      x0=x1; x1=x2;
32:      f0=f1; f1=f2;
33:      printf("%3d   %25.15e   %10.3e   \n",k,x1,f1);
34:    }
35: }
```

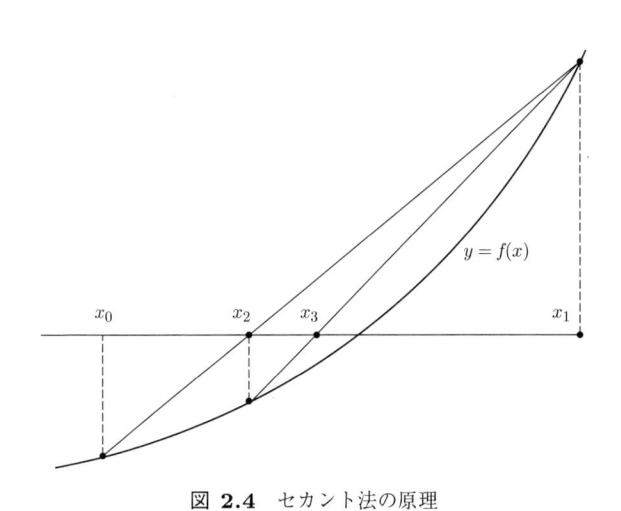

図 **2.4** セカント法の原理

2.5 不動点反復法とその収束次数

方程式 $f(x) = 0$ の解を求めるとき，過去の l 点での近似解 $x_k, x_{k-1}, x_{k-2}, \ldots, x_{k-l+1}$ から，新しい近似解 x_{k+1} を求めていく反復法を **l 点反復法** (l-point iteration) と呼んでいる（ニュートン法では $l = 1$，セカント法では $l = 2$）．そのような反復法の一般形を

表 2.6 方程式 (2.3) にセカント法を適用した結果

k	x_k	$f(x_k)$
0	-2.000000000000000e+00	-2.000e+00
1	-1.100000000000000e+00	2.869e+00
2	-1.630314232902033e+00	9.274e-01
3	-1.883607840768762e+00	-9.158e-01
4	-1.757757535961662e+00	8.455e-02
5	-1.768394771741469e+00	6.630e-03
6	-1.769299838685818e+00	-5.532e-05
7	-1.769292349411983e+00	3.567e-08
8	-1.769292354238605e+00	1.921e-13
9	-1.769292354238631e+00	8.327e-17

$$x_{k+1} = F(x_k, x_{k-1}, x_{k-2}, \ldots, x_{k-l+1}), \quad l \geq 1, \quad k = 0, 1, 2, \ldots \quad (2.11)$$

という形で表す．関数 F は**反復関数** (iteration function) と呼ばれ，l 変数の滑らかな関数であるとする．また，$f(x) = 0$ の解 α で，条件

$$F(\alpha, \ldots, \alpha) = \alpha \quad (2.12)$$

を満たしているものとする．この条件を満たす点 α を F の**不動点** (fixed-point) と呼んでいる．また式 (2.11) のような反復法を**不動点反復法** (fixed-point iteration) と呼んでいる．$l > 1$ の場合の解析は専門書にまかせるとして，ここでは $l = 1$ の場合を考える．不動点反復法の収束性に関して次の定理が成り立つ：

【**不動点定理** (fixed-point theorem)】 不動点反復法

$$x_{k+1} = F(x_k), \quad k = 0, 1, \ldots \quad (2.13)$$

は，反復関数が以下の条件を満たすとき唯一の不動点 α に収束する：

1. $F(x)$ は区間 $I = [a, b]$ で連続．
2. すべての $x \in I$ に対して $F(x) \in I$.
3. すべての $x, y \in I \, (x \neq y)$ に対して

$$|F(x) - F(y)| < L |x - y|$$

を満たす x, y に無関係な定数 $L \, (0 \leq L < 1)$ が存在する．

上の条件が成り立っているとき，適当な $x_0 \in I$ を選べば，反復式 (2.13) によって生成される数列 $\{x_k\}$ は不動点 α に収束する．なぜならば，これらの条件より常に $x_k \in I$ となり，誤差 $e_k = x_k - \alpha$ は

$$|e_{k+1}| = |F(x_k) - \alpha| = |F(x_k) - F(\alpha)| < L|e_k|, \qquad k = 0, 1, \ldots$$

となるので

$$0 \leq |e_k| < L^k |e_0| \to 0, \qquad k \to \infty$$

となるからである．また，この不動点は区間内にただ 1 つ存在する．というのは，仮にもう 1 つの不動点（β とする）があれば，

$$|\alpha - \beta| = |F(\alpha) - F(\beta)| < L|\alpha - \beta| < |\alpha - \beta|$$

となり矛盾が生じるからである．

この反復法から得られる近似解の列 $\{x_k\}$ が，（収束するものとして）収束の最終段階で，条件

$$|x_{k+1} - \alpha| \simeq c|x_k - \alpha|^p, \qquad c > 0, \quad p > 0 \tag{2.14}$$

を満たしているとき，このような収束を **p 次収束** (p th order convergence) と呼び，この反復法を **p 次収束法** と呼ぶ．式 (2.14) において c は k に無関係な定数であり，特に $p = 1$ のときは，$0 < c < 1$ を仮定し c を **収束比** (convergence rate) と呼ぶ．なお，この不動点定理は収束のための十分条件であるので，この定理が成り立っていれば確実に収束するが，成り立っていないときは何ともいえない．要するに収束することもあるし，しないこともあるのである．次の例は，条件が成り立っていない区間から出発したが無事収束した例である．

例 2.7 不動点反復法

$$x_{k+1} = 1 + \sqrt{x_k}, \qquad k = 0, 1, \ldots \tag{2.15}$$

を考える．この反復法の不動点は $\alpha = (3 + \sqrt{5})/2 = 2.6818033\cdots$ である．この場合，$0 < y < x$ なる x, y に対して，平均値の定理（付録 A.1 参照）より

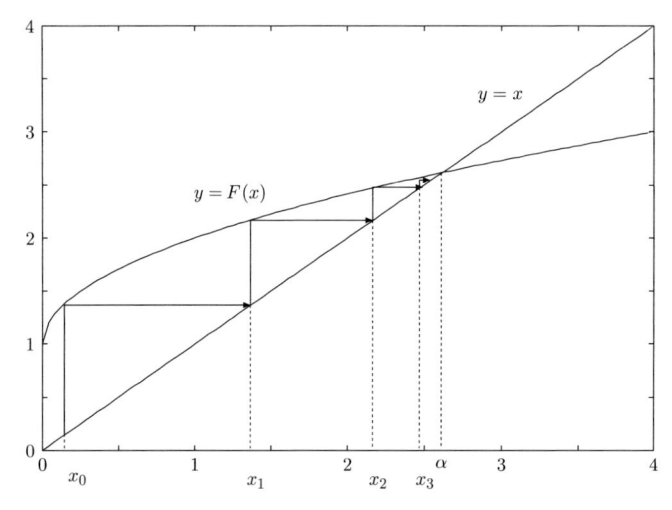

図 2.5 不動点反復法 (2.15)

$$|F(x) - F(y)| = |\sqrt{x} - \sqrt{y}|$$
$$= \frac{1}{2\sqrt{\xi}} |x - y|$$
$$< \frac{1}{2\sqrt{y}} |x - y|, \quad y < \xi < x$$

となる．したがって，区間 $y \in [0, 1/4]$ では $1/(2\sqrt{y}) \geq 1$ となり，不動点定理の 3 番目の条件は成立せず，収束は保証されないことになる．実際にこの区間に初期値をおいて実行してみる．

```
 1: /*
 2:    Fixed-point iteration
 3:       x_{k+1}=1+√ x_k
 4: */
 5: #include <stdio.h>
 6: #include <math.h>
 7: #define eps 1.0e-5
 8:
 9: main ()
10: {
11:    double d,x0=0.1,x1;
12:    int k=0;
13:
14:    printf(" %3d %15.7e  \n",k,x0);
15:    do {
```

```
16:      k++;
17:      x1=1+sqrt(x0);
18:      d=fabs(x1-x0);
19:      x0=x1;
20:      printf(" %3d %15.7e %10.3e \n",k,x0,d);
21:    } while (fabs(d)>eps);
22: }
```

表 **2.7** 不動点反復法 (2.15) を実行した結果

k	x_k	$\|x_k - x_{k-1}\|$
0	1.0000000e-01	
1	1.3162278e+00	1.216e+00
2	2.1472697e+00	8.310e-01
3	2.4653565e+00	3.181e-01
4	2.5701454e+00	1.048e-01
5	2.6031673e+00	3.302e-02
6	2.6134334e+00	1.027e-02
7	2.6166117e+00	3.178e-03
8	2.6175944e+00	9.827e-04
9	2.6178981e+00	3.037e-04
10	2.6179920e+00	9.386e-05
11	2.6180210e+00	2.901e-05
12	2.6180300e+00	8.963e-06

表 2.7 より，収束が保証されていない区間 $I = [0, 1/4]$ 内の初期値から出発したが，その区間外の不動点に収束していることがわかる．

ここで不動点反復法の収束の速さについて考察する．不動点反復法

$$x_{k+1} = F(x_k), \qquad k = 0, 1, \ldots \qquad (2.16)$$

が，不動点 α に収束し，そこで条件

$$F^{(i)}(\alpha) \begin{cases} = 0, & i = 1, \ldots, p-1, \\ \neq 0, & i = p \end{cases} \qquad (2.17)$$

を満たすならば，その収束は p 次収束となる．なぜならば，テイラー展開より

$$x_{k+1} - \alpha = F(x_k) - F(\alpha)$$
$$= F'(\alpha)(x_k - \alpha) + \frac{F''(\alpha)}{2!}(x_k - \alpha)^2 + \cdots + \frac{F^{(p)}(\alpha)}{p!}(x_k - \alpha)^p + \cdots$$
$$= \frac{F^{(p)}(\alpha)}{p!}(x_k - \alpha)^p + \mathrm{O}\left((x_k - \alpha)^{p+1}\right)$$
(2.18)

が成り立つからである．

例 2.8 反復法

$$x_{k+1} = \frac{3\,x_k^2 + 2}{4\,x_k}, \qquad k = 0, 1, \ldots \tag{2.19}$$

を考える．直ちにわかるように，この反復法の不動点は $\sqrt{2}$ で，収束するときは 1 次収束になり，その収束比は 0.5 となる．これを数値計算で確認してみよう．

表 **2.8** 反復法 (2.19) による結果

k	x_k	e_k	e_k/e_{k-1}
0	2.000000e+00	5.858e−01	
1	1.750000e+00	3.358e−01	5.732e−01
2	1.598214e+00	1.840e−01	5.480e−01
3	1.511510e+00	9.730e−02	5.288e−01
4	1.464427e+00	5.021e−02	5.161e−01
5	1.439751e+00	2.554e−02	5.086e−01
6	1.427096e+00	1.288e−02	5.044e−01
7	1.420684e+00	6.470e−03	5.023e−01
8	1.417456e+00	3.242e−03	5.011e−01
9	1.415837e+00	1.623e−03	5.006e−01
10	1.415026e+00	8.120e−04	5.003e−01
11	1.414620e+00	4.061e−04	5.001e−01

例 2.9 ニュートン法の場合，反復関数は

$$F(x) = x - \frac{f(x)}{f'(x)} \tag{2.20}$$

となるので，$f(x) = 0$ の解 α に対して，$F(\alpha) = \alpha$ となることが直ちにわかる．また，$f'(\alpha) \neq 0$, $f''(\alpha) \neq 0$ を仮定すると

$$F'(\alpha) = \frac{f(\alpha)\,f''(\alpha)}{(f'(\alpha))^2} = 0,$$
$$F''(\alpha) = \frac{f''(\alpha)}{f'(\alpha)} \neq 0 \tag{2.21}$$

となり，2 次収束性が証明される．

次にセカント法の収束速度について考える．この反復法は 2 点反復なので，その収束次数を解析するには別な方法を用いなければならない．まず，セカント法の反復式

$$x_{k+1} = x_k - \frac{x_k - x_{k-1}}{f(x_k) - f(x_{k-1})}\,f(x_k)$$

の両辺から解 α を引けば，誤差 $e_k = x_k - \alpha$ は

$$e_{k+1} = e_k - \frac{e_k - e_{k-1}}{f(x_k) - f(x_{k-1})}\,f(x_k) \tag{2.22}$$

を満たすことがわかる．ここで $f(\alpha) = 0$ に注目し，$f(x_k)$ と $f(x_{k-1})$ を解 α のまわりでテイラー展開すると

$$e_{k+1} \simeq \frac{f''(\alpha)}{2f'(\alpha)}\,e_k\,e_{k-1} \tag{2.23}$$

が得られる（演習問題）．次に両辺の絶対値をとり $E_k = \log|e_k|$ とおくと

$$E_{k+1} \simeq E_k + E_{k-1} + K \tag{2.24}$$

$$K = \log\left(|f''(\alpha)|/|2f'(\alpha)|\right)$$

が得られる．式 (2.24) の $\simeq$ を等号に置き換えて得られる差分方程式の一般解は

$$E_k = c_1\,\lambda_1^k + c_2\,\lambda_2^k - K \tag{2.25}$$

で与えられる（付録 A.6 参照）．ここで，λ_1, λ_2 は 2 次方程式

$$\lambda^2 - \lambda - 1 = 0$$

の解で，それぞれ

$$\lambda_1 = \frac{1+\sqrt{5}}{2} = 1.618\cdots, \qquad \lambda_2 = \frac{1-\sqrt{5}}{2} = -0.618\cdots$$

となる．これより $|\lambda_1| > |\lambda_2|$ なので，k が十分大きいときは E_k は

$$E_k \simeq c_1 \lambda_1^k$$

となる．すなわち

$$|e_k| \simeq C |e_{k-1}|^{\lambda_1} \tag{2.26}$$

となる．ここで $C = \mathrm{e}^{c_1(1-\lambda_1)}$ とおいた．これよりセカント法の収束次数はおおよそ 1.618 であることがわかる．

例 2.10 関数 $f(x)$ は，$x = x_k$ の近傍で滑らかなとき，テイラー展開より

$$f(x) \simeq f(x_k) + (x - x_k) f'(x_k) + \frac{1}{2}(x - x_k)^2 f''(x_k) \tag{2.27}$$

と近似できる．ここで，左辺=0, $x = x_{k+1}$ とおくと

$$x_{k+1} \simeq x_k - \frac{f(x_k)}{f'(x_k) + \frac{1}{2} f''(x_k)(x_{k+1} - x_k)} \tag{2.28}$$

となる．上式右辺の x_{k+1} をニュートン法の反復式

$$x_{k+1} = x_k - \frac{f(x_k)}{f'(x_k)}$$

で置き換え，$\simeq$ を等号に置き換えると，次のような反復法が得られる．この反復法をベイリー法 (Bailey) と呼ばれている．

ベイリー法

$$x_{k+1} = x_k - \frac{f(x_k)}{f'(x_k) - \dfrac{f(x_k) f''(x_k)}{2 f'(x_k)}}, \qquad k = 0, 1, 2, \ldots \tag{2.29}$$

この反復法は 3 次収束法であることが示される（演習問題）．ここで，比較のため方程式 $f(x) = x^2 - 2 = 0$ にセカント法，ニュートン法，ベイリー法を適用した結果を表 2.9 に示しておく．

この表から，収束の次数がはっきりと読み取れ，3 次収束法の威力がわかる．しかし，通常用いる精度，すなわち単精度，倍精度程度では，反復停止に至るまでの

表 2.9 セカント法，ニュートン法，ベイリー法の誤差 e_k の比較 ($x^2 - 2 = 0$ の場合)

	セカント法		ニュートン法		ベイリー法	
k	$\|e_k\|$	$\|e_k\|/\|e_{k-1}\|^{1.618}$	$\|e_k\|$	$\|e_k\|/\|e_{k-1}\|^2$	$\|e_k\|$	$\|e_k\|/\|e_{k-1}\|^3$
0	5.86×10^{-1}		5.86×10^{-1}		5.86×10^{-1}	
1	8.58×10^{-2}		8.58×10^{-2}	0.250	1.44×10^{-2}	0.071
2	1.44×10^{-2}	0.403	2.45×10^{-3}	0.333	3.64×10^{-7}	0.123
3	4.21×10^{-4}	0.764	2.12×10^{-6}	0.353	6.05×10^{-21}	0.125
4	2.12×10^{-6}	0.616	1.59×10^{-12}	0.354	2.76×10^{-62}	0.125
5	3.16×10^{-10}	0.477	8.99×10^{-25}	0.354	2.65×10^{-186}	0.125
6	2.37×10^{-16}	0.558	2.86×10^{-49}	0.354	2.32×10^{-558}	0.125
7	2.65×10^{-26}	0.506	2.89×10^{-98}	0.354	1.55×10^{-1674}	0.125
8	2.22×10^{-42}	0.537	2.97×10^{-196}	0.354	4.67×10^{-5023}	0.125
	$x_0 = 2, \ x_1 = 1.5$		$x_0 = 2$		$x_0 = 2$	

回数が他の方法に比べ，せいぜい数回しか違わないので 3 次収束法の威力を実感することはほとんどないであろう．なお，この計算は 3 次収束法の威力を実感するために，Mathematica の多倍長演算（有効桁 10 進 5000 桁以上）を用いた．

2.6 多重解

ニュートン法の収束次数を解析するとき，$f'(\alpha) \neq 0$ を仮定し，その結果，2 次収束という結論を導いた．ここではそのような仮定が成り立たない場合を考察する．そのような例として $f(x) = 0$ が $x = \alpha$ に多重解をもつ場合がある．

いま，$f(x)$ が $m > 1$ なる整数に対して

$$f(x) = (x - \alpha)^m g(x), \qquad g(\alpha) \neq 0 \tag{2.30}$$

という形をしていると仮定する．ここで，m を解 α の **多重度** あるいは **重複度** (multiplicity) と呼ぶ．このとき，$f'(\alpha) = 0$ となり，式 (2.21) において $F'(\alpha)$ は値をもたない．しかし，

$$\lim_{x \to \alpha} F(x) = 1 - \frac{1}{m}$$

となるので，ニュートン法によって得られた近似解の列 $\{x_k\}$ は

$$|x_k - \alpha| \simeq \left(1 - \frac{1}{m}\right) |x_{k-1} - \alpha| \tag{2.31}$$

を満し（演習問題），さらに $0 < 1 - 1/m < 1$ なので，この場合は（収束するとす

れば) 1 次収束法に退化する．したがって 2 次収束法と比べると反復停止までの反復回数が大幅に増えることが予想される．また，多重解があると別な点で困ったことが起こる．以下そのことについて説明する．

反復法は，ニュートン法であれ，何法であれ

$$|f(x_k)| \leq \varepsilon \tag{2.32}$$

という停止条件の下で反復を行う．そこで，停止したときほぼ $|f(x_k)| \simeq \varepsilon$ となっていたとすると，そのときの反復値 x_k は，式 (2.30) より

$$|x_k - \alpha| \simeq \frac{\varepsilon^{\frac{1}{m}}}{|g(\alpha)|^{\frac{1}{m}}} \tag{2.33}$$

を満たしているだろう．ここで ε を倍精度のマシン・エプシロン $\varepsilon_M = 2^{-52} = 2.220 \times 10^{-16}$ として，分子の $\varepsilon^{\frac{1}{m}}$ をいくつかの m について評価してみると表 2.10 のようになる．

表 2.10 $\varepsilon_M^{1/m}$ の値

m	$\varepsilon_M^{1/m}$
1	2.22×10^{-16}
2	1.49×10^{-8}
3	6.06×10^{-6}
4	1.22×10^{-4}
5	7.40×10^{-4}
6	2.43×10^{-3}

この表および式 (2.33) から，多重度 m が高ければ高いほど，解から離れたところで反復が止まってしまい，あまり高精度が期待できないことが予想される．どの程度その「予想」が正しいかは，$|g(\alpha)|$ の大きさにもよるが，「m 重解はおおよそ $1/m$ の精度」という諦めをもったほうが賢明であろう．このことを数値実験から確認する．

例 2.11 以下に示す 4 つの方程式

$$f_1(x) = \sin x = 0$$
$$f_2(x) = \cos x - 1 = 0$$
$$f_3(x) = \sin x - x + 2\pi = 0 \qquad (2.34)$$
$$f_4(x) = \cos x - 1 + \frac{(x - 2\pi)^2}{2} = 0$$

は，どれも $x = 2\pi\,(= 6.2831\cdots)$ に解をもっていて，多重度 m は，それぞれ $1, 2, 3, 4$ となる（演習問題）．これらの方程式を，初期値 $x_0 = 6.0$，反復停止条件の ε を ε_M よりやや大きめの 1.00×10^{-15} として，実際にニュートン法を用いて解いた結果を表 2.11 に示す．

表 **2.11** 4 つの方程式（式 (2.34)）をニュートン法で解いたときの誤差

k	$f_1(x) = 0$	$f_2(x) = 0$	$f_3(x) = 0$	$f_4(x) = 0$
		e_k		
0	-2.832e-01	-2.832e-01	-2.832e-01	-2.832e-01
1	7.821e-03	-1.406e-01	-1.885e-01	-2.123e-01
2	-1.595e-07	-7.020e-02	-1.256e-01	-1.592e-01
3	0.000e+00	-3.509e-02	-8.372e-02	-1.194e-01
4		-1.754e-02	-5.581e-02	-8.952e-02
5		-8.771e-03	-3.720e-02	-6.714e-02
6		-4.385e-03	-2.480e-02	-5.035e-02
7		-2.193e-03	-1.653e-02	-3.776e-02
8		-1.096e-03	-1.102e-02	-2.832e-02
9		-5.482e-04	-7.349e-03	-2.124e-02
10		-2.741e-04	-4.899e-03	-1.593e-02
11		-1.370e-04	-3.266e-03	-1.195e-02
12		-6.852e-05	-2.177e-03	-8.961e-03
13		-3.426e-05	-1.452e-03	-6.721e-03
14		-1.713e-05	-9.677e-04	-5.041e-03
15		-8.565e-06	-6.451e-04	-3.780e-03
16		-4.283e-06	-4.301e-04	-2.835e-03
17		-2.141e-06	-2.867e-04	-2.127e-03
18		-1.071e-06	-1.912e-04	-1.595e-03
19		-5.353e-07	-1.275e-04	-1.196e-03
20		-2.677e-07	-8.500e-05	-8.971e-04
21		-1.338e-07	-5.673e-05	-6.728e-04
22		-6.691e-08	-3.798e-05	-5.046e-04
23		-3.346e-08	-2.566e-05	-3.785e-04
24			-1.785e-05	

表を見て直ちにわかることは，重複度 m によって精度が大きく異なっているということである．また，反復終了時点での誤差は，表 2.10 に示した $\varepsilon_M^{1/m}$ の値とほぼ同じオーダであることに注目すべきである．しかし，どの方程式も同じ反復停止条件を用いているので，反復終了時点での関数値はほぼ同じ大きさ（小ささ）になっているはずである．

これまでの実験では，$|f(x_k)| \leq \varepsilon$ という反復停止条件を用い，ε としてマシン・エプシロン ε_M より少し大きめの値を設定した．ここで，この ε の値をもっと小さくすれば，たとえ重解でもより高精度の解が得られるのでは，と期待するかもしれない．しかし，f を評価する際に現れる絶対値最大の項を M とすれば，$M \times \varepsilon_M$ 程度の誤差は避けられないことは前章の考察より明白であろう（この例ではどれも $M \simeq 1$ と見積もった）．したがって，ε を ε_M 程度に設定せざるを得ないのである．ということは，m 重解のときの到達精度は $1/m$ 程度にならざるを得ないのである．これは，ニュートン法を使おうが何法を使おうが，$f(x)$ の大きさを評価し，それでもって収束判定を行う限り，逃れられない制約である．

2.7 演習問題

1. 3 つの初期値 $x_0 = 1.1, 1.2, 1.3$ を用いて，ニュートン法と減速ニュートン法によって方程式 $\tanh x + 0.2\,x + 0.3 = 0$ を解け．

2. 次の数列の収束する値と収束の速さ（1 次収束，2 次収束，など）を求めよ．
   (a) $x_{k+1} = (x_k + x_{k-1})/2, \qquad x_0 = 2, \, x_1 = 1/2$
   (b) $x_{k+1} = 1 + (x_k - 1)^3/2, \qquad 1 - \sqrt{2/3} < x_0 < 1 + \sqrt{2/3}$
   (c) $x_{k+1} = x_k \sin x_k, \qquad 0 < x_0 < \pi/2$
   (d) $x_{k+1} = x_k - \sin x_k, \qquad 0 < x_0 < \pi$

3. 次の数列はどれも 0 に収束する．これらの数列を，1 次収束するもの，2 次収束するもの，それ以外のものに分類せよ．
$$u_n = n^{-2}, \quad v_n = 0.2^n, \quad w_n = 3^{-n^2}, \quad x_n = 5^{-1.5 \cdot 2^n}, \quad y_n = -0.8^n,$$
$$z_n = 3^{-0.2 \cdot 3^n}$$

4. $f(x) = 0$ の解 α を求める反復法の反復関数 $F(x)$ を
$$F(x) = x - r(x)\,f(x)$$

とする．この反復法が 2 次収束するためには，$f(x) = 0$ の解 α で $r(x)$ はどのような条件をもつべきか．

5. 方程式 $f(x) = 0$ が $x = \alpha$ に解をもち，その重複度を $m(>1)$ とする．これに対して方程式 $f(x)/f'(x) = 0$ はやはり $x = \alpha$ に解をもつが，その重複度は常に 1 なる．このことを証明せよ．

6. $a > 0$ の立法根は
$$f(x) = x^2 - \frac{a}{x} = 0$$
の解である．これにニュートン法を適用すると 3 次収束することを示せ．

7. 方程式 $f(x)/f'(x) = 0$ にニュートン法を適用すると，反復法
$$x_{k+1} = x_k - \frac{f(x_k)}{f'(x_k) - \frac{f(x_k)\,f''(x_k)}{f'(x_k)}}, \qquad k = 0, 1, 2, \ldots$$
が得られることを示せ．上で示したように，$f(x)/f'(x)$ は重解をもたないので，この反復法は常に 2 次収束する．

8. 関数 $f(x)$ は 2 階連続微分可能な関数とし，$f(x) = 0$ の解を α とする．さらに，$f(x)$ は $x > \alpha$ において $f'(x) f''(x) > 0$ を満たしているものとすると，$x_0 > \alpha$ を初期値としてニュートン法を開始すれば，近似解の列 $\{x_k\}$ は減少しながら解 α に収束することを示せ．

9. 式 (2.23) を導け．

10. ニュートン法は多重解のとき 1 次収束法へ退化することを示せ．

11. ベイリー法 (2.29) が少なくとも 3 次収束することを示せ．

12. 式 (2.34) の各方程式は，$x = 2\pi$ に解をもち，重複度はそれぞ $m = 1, 2, 3, 4$ となっていることを示せ．

13. p 次収束法によって得られた数列 $\{x_k\}$ の誤差を e_k とする．このとき，誤差の二重対数値 $\log(-\log|e_k|)$ は，k が十分大きいとき，反復 1 回ごとにおおよそ $\log p$ ずつ増える．この理由を考察せよ．このことは，最終段階では正しい桁が毎回 p 倍ずつ増えることを意味している．

14. ホーナー法では $P(x)$ を計算するのに n 回の乗算を必要とする．これに対して，x のべきを次々に計算し，その都度，係数 a_i を掛けていく方法を用いると何回の乗算が必要となるか．

📝 第2章のまとめ 📝

- 二分法は $f(a)f(b) < 0$ なる 2 点 a, b が見つかれば常に収束する．しかし収束は遅い．
- ニュートン法は，初期値の選び方が悪いと収束しないこともある．しかし，収束するときは通常は 2 次収束法なので速い．
- 代数方程式の解をニュートン法で求める場合は，組み立て除法（ホーナー法）を用いると導関数まで同時に計算できるので効率が良い．
- 割線法は導関数の計算が不要なので使いやすいが，ニュートン法に比べやや収束が遅い．
- 1 次収束法とは，（反復の最終段階で）毎回一定の割合で誤差が小さくなっていく反復法である．
- $p\,(p>1)$ 次収束法とは，反復の最終段階で

$$|次回の誤差| \simeq C|現在の誤差|^p, \quad C>0 \text{ は定数}$$

となる反復法である．
- 重解のとき，解の多重度を m とすると，到達精度はおおよそ $1/m$ に精度が落ちる．

第3章
連立方程式を解く

　前章では1つの解をもつ方程式の数値解法を学んだ．これに対して，本章では解を複数個もつ連立方程式の近似解法を学ぶ．連立方程式の場合，まず解が存在するか否かを，また存在するとすればそれがどの範囲に存在するかを，視覚的にも理論的にも決定することが困難になる．その他，計算量も未知数の個数の何乗かに比例して増えていくので，数値計算を行うときの困難さは1変数の場合とは比べものにならないほどである．ここでは，解の存在および存在領域の推定という問題はさておいて，連立方程式の解の近似解法の原理を学ぶことにする．

3.1　2元連立非線形方程式とニュートン法

　前章では，単一の方程式 $f(x) = 0$ の解を求める数値解法としてニュートン法を学んだ．その場合，曲線 $y = f(x)$ を接線で近似し，この接線が x–軸と交わる点を解の近似とし，それを同様の手続きでもって引き続き更新していった．2元連立非線形方程式でも同様のことを行うが，この場合，接線の代わりに接平面を考える．

　まず，次の2元連立非線形方程式を考えよう：

$$\begin{cases} f(x, y) = 0 \\ g(x, y) = 0 \end{cases} \tag{3.1}$$

この方程式の解を求めるということは，それぞれが表している2つの曲線の交点を求めることに他ならない．この2つの曲線とは，2つの曲面 $z = f(x, y), z = g(x, y)$

がそれぞれ x–y 平面を切るときにできる 2 つの曲線である．これら 2 つの曲線を同時に考えるのは厄介なので，$f(x, y) = 0$ のほうだけを考えよう．

まず，曲面上のある点 $(x_0, y_0, f(x_0, y_0))$ を選び，そこでの接平面をこの曲面の近似と考え，この接平面が x–y 平面と交わってできる直線をこの曲線の近似と考えるのである．この関係を図で示してみよう．例えば，$z = f(x, y) = -x^2/4 - y^2/9 + 1$ とし，この曲面が x–y 平面を切るときできる曲線，すなわち楕円 $x^2/4 + y^2/9 = 1$ と，この曲面上の点 $(x_0, y_0, f(x_0, y_0)) = (1, 1, 23/36)$ での接平面 $z = 23/36 - (1/2)(x-1) - (2/9)(y-1)$ が x–y 平面と交わってできる直線 $y = -(9/4)x + 49/8$ を描いたのが図 3.1 である．同様に $g(x, y) = 0$ を近似する直線を求め，これらの 2 つの直線の交点を次の新しい近似 (x_1, y_1) とするのが 2 元連立方程式 (3.1) のためのニュートン法である．

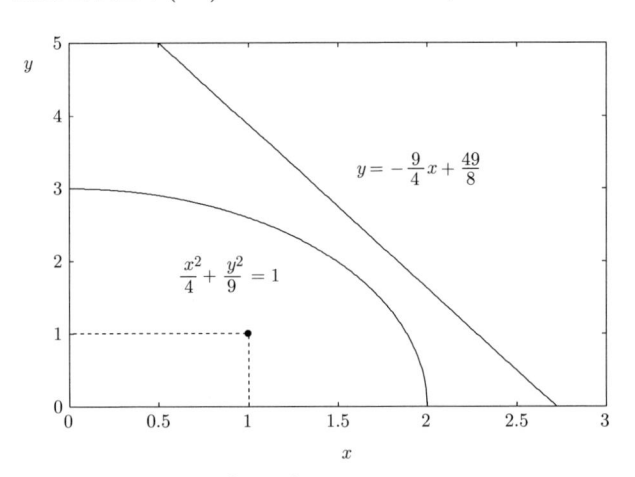

図 3.1 楕円 $\dfrac{x^2}{4} + \dfrac{y^2}{9} = 1$ とそれを近似する直線

点 (x_0, y_0) から点 (x_1, y_1) を求める過程をもう少し具体的に述べる．まず，点 (x_0, y_0) における 2 つの曲面の接平面の方程式は

$$\begin{cases} z - f(x_0, y_0) = f_x(x_0, y_0)(x - x_0) + f_y(x_0, y_0)(y - y_0) \\ z - g(x_0, y_0) = g_x(x_0, y_0)(x - x_0) + g_y(x_0, y_0)(y - y_0) \end{cases} \quad (3.2)$$

$$f_x = \frac{\partial f}{\partial x}, \quad f_y = \frac{\partial f}{\partial y}, \quad g_x = \frac{\partial g}{\partial x}, \quad g_y = \frac{\partial g}{\partial y}$$

である．なお，これは 2 変数関数のテイラー展開（付録 A.3 参照）を 1 次の項で打ち切ったものである．この方程式において，$z = 0, x = x_1, y = y_1$ とおき，さらに $f(x_0, y_0), g(x_0, y_0)$ などを f, g と略記し，x_1, y_1 について解けば

$$\begin{aligned} x_1 &= x_0 + \frac{-g_y f + f_y g}{f_x g_y - f_y g_x} \\ y_1 &= y_0 + \frac{g_x f - f_x g}{f_x g_y - f_y g_x} \end{aligned} \tag{3.3}$$

が得られる．以下 (x_1, y_1) でも同様のことを行い (x_2, y_2) を求め，さらにそこでも同様のことを行い (x_3, y_3) を求め，…，と続けていく．したがって，ニュートン法の漸化式は

$$\begin{cases} x_{k+1} = x_k + \dfrac{-g_y f + f_y g}{f_x g_y - f_y g_x}, \\ y_{k+1} = y_k + \dfrac{g_x f - f_x g}{f_x g_y - f_y g_x}, \end{cases} \quad k = 0, 1, \ldots \tag{3.4}$$

となる（上式で f, g などはそれぞれ $f(x_k, y_k), g(x_k, y_k)$ を略記したものである）．

例 3.1 連立方程式

$$\begin{cases} f(x, y) = -\dfrac{x^2}{4} - \dfrac{y^2}{9} + 1 = 0 \\ g(x, y) = x^2 - y = 0 \end{cases} \tag{3.5}$$

の解で，第 1 象限にあるもの

$$x = \sqrt{\frac{-9 + \sqrt{657}}{8}} = 1.441874268\cdots, \quad y = \frac{-9 + \sqrt{657}}{8} = 2.079001404\cdots$$

をニュートン法で求める．ここで，初期値を $x_0 = y_0 = 1$ とし，反復停止条件を

$$|f(x_k, y_k)| + |g(x_k, y_k)| \leq 10^{-15}$$

とする．結果を表 3.1 に示す．

この結果から，$|f(x_k, y_k)| + |g(x_k, y_k)|$ の値が最終段階で急速に減少しているのがわかる．ニュートン法は，n 元連立方程式 $(n > 1)$ の場合でも，収束の最終段階では 2 次収束することが知られている [28]．

```
 1: /*
 2:     Newton method for
 3:         f(x,y)=0
 4:         g(x,y)=0
 5: */
 6: #include <stdio.h>
 7: #include <math.h>
 8: #define eps 1.0e-15
 9: void func(double x, double y, double *f, double *g,
10:             double *fx, double *fy, double *gx, double *gy);
11:
12: main()
13: {
14:   double d,e,x0,y0,x1,y1;
15:   double f,g,fx,fy,gx,gy;
16:   int k=0;
17:
18:   x0=1; y0=1;
19:   func(x0, y0, &f, &g, &fx, &fy, &gx, &gy);
20:   e=fabs(f)+fabs(g);
21:   printf(" %3d  %12.8f  %12.8f  %12.4e \n",k,x0,y0,e);
22:
23:   do {
24:     d=fx*gy-fy*gx;
25:     x1=x0+(-gy*f+fy*g)/d;
26:     y1=y0+( gx*f-fx*g)/d;
27:
28:     x0=x1; y0=y1; k++;
29:     func(x0, y0, &f, &g, &fx, &fy, &gx, &gy);
30:     e=fabs(f)+fabs(g);
31:     printf(" %3d  %12.8f  %12.8f  %12.4e \n",k,x0,y0,e);
32:   } while (e>eps);
33: }
34:
35: void func(double x, double y, double *f, double *g,
36:             double *fx, double *fy, double *gx, double *gy)
37: {
38:   *f=1.0-x*x/4-y*y/9.0; *fx=-x/2.0; *fy=-2.0*y/9.0;
39:   *g=x*x-y; *gx=2.0*x; *gy=-1.0;
40: }
```

次に n 元連立非線形方程式

表 3.1 方程式 (3.5) にニュートン法を適用した結果

k	x_k	y_k	$\|f(x_k, y_k)\| + \|g(x_k, y_k)\|$
0	1.00000000	1.00000000	6.3889e-01
1	1.67647059	2.35294118	7.7540e-01
2	1.46150594	2.08978983	6.5457e-02
3	1.44201231	2.07901951	4.8789e-04
4	1.44187427	2.07900140	2.3854e-08
5	1.44187427	2.07900140	3.1499e-16

$$\begin{cases} f_1(x_1, x_2, \ldots, x_n) = 0 \\ f_2(x_1, x_2, \ldots, x_n) = 0 \\ \quad \ldots \\ f_n(x_1, x_2, \ldots, x_n) = 0 \end{cases} \quad (3.6)$$

を解くためのニュートン法を考える．ここでは，少し複雑になるが $x_1, \ldots, x_n$ の第 k 反復における近似をそれぞれ $x_1^{[k]}, \ldots, x_n^{[k]}$ で表す．第 i 番目の方程式に注目すると，点 $x_1^{[k]}, \ldots, x_n^{[k]}$ での（超）接平面は，テイラー展開を 1 次の項で打ち切った

$$z - f_i(x_1^{[k]}, \ldots, x_n^{[k]}) = \sum_{j=1}^n \frac{\partial f_i(x_1^{[k]}, \ldots, x_n^{[k]})}{\partial x_j}(x_j - x_j^{[k]}) \quad (3.7)$$

という式で書かれる．次に，前と同様に $z = 0$, $x_j = x_j^{[k+1]}$ $(j = 1, \ldots, n)$ とおいて，上の方程式を $i = 1, \ldots, n$ について連立させ，$x_j^{[k+1]} - x_j^{[k]}$ について解けば

$$\begin{pmatrix} x_1^{[k+1]} \\ x_2^{[k+1]} \\ \vdots \\ x_n^{[k+1]} \end{pmatrix} = \begin{pmatrix} x_1^{[k]} \\ x_2^{[k]} \\ \vdots \\ x_n^{[k]} \end{pmatrix} - J^{-1} \begin{pmatrix} f_1(x_1^{[k]}, x_2^{[k]}, \ldots, x_n^{[k]}) \\ f_2(x_1^{[k]}, x_2^{[k]}, \ldots, x_n^{[k]}) \\ \vdots \\ f_n(x_1^{[k]}, x_2^{[k]}, \ldots, x_n^{[k]}) \end{pmatrix}, \quad k = 0, 1, \ldots \quad (3.8)$$

が得られる．ここで，J は

$$J = \begin{pmatrix} \frac{\partial f_1}{\partial x_1} & \frac{\partial f_1}{\partial x_2} & \cdots & \frac{\partial f_1}{\partial x_n} \\ \frac{\partial f_2}{\partial x_1} & \frac{\partial f_2}{\partial x_2} & \cdots & \frac{\partial f_2}{\partial x_n} \\ \vdots & \vdots & \ddots & \vdots \\ \frac{\partial f_n}{\partial x_1} & \frac{\partial f_n}{\partial x_2} & \cdots & \frac{\partial f_n}{\partial x_n} \end{pmatrix}$$

という行列で，**ヤコビ行列** (Jacobian matrix) と呼ばれている．式 (3.8) を計算するときは，行列 J の逆行列を実際に計算するのではなく，n 元連立 1 次方程式

$$J \begin{pmatrix} d_1 \\ d_2 \\ \vdots \\ d_n \end{pmatrix} = - \begin{pmatrix} f_1(x_1^{[k]}, x_2^{[k]}, \ldots, x_n^{[k]}) \\ f_2(x_1^{[k]}, x_2^{[k]}, \ldots, x_n^{[k]}) \\ \vdots \\ f_n(x_1^{[k]}, x_2^{[k]}, \ldots, x_n^{[k]}) \end{pmatrix} \tag{3.9}$$

を次節で説明するガウスの消去法またはそれと等価な LU 分解法（後述）で解き，$x_i^{[k+1]} = x_i^{[k]} + d_i \, (i = 1, \ldots, n)$ とする．

連立 1 次方程式 (3.9) を解く場合，まず J を計算しなければならない．J は $x_1^{[k]}, x_2^{[k]}, \ldots, x_n^{[k]}$ の関数であるから，ステップ k が変わるごとに更新しなければならない．この計算量は次元 n の 2 乗に比例して増加する．また，後で述べるように連立 1 次方程式を解くのに要する計算量は，次元 n の 3 乗に比例して増加する．ということで，連立方程式をニュートン法で解くための計算量は，単一方程式を解く場合の計算量とは比較にならない．そのため，次元 n が大きいときは，ヤコビ行列 J を反復ごとに更新せず，初期のものを収束するまで使い続ける**準ニュートン法** (quasi Newton method) がよく用いられる．この場合，LU 分解法という方法を用いると，計算量が n^3 に比例する部分は 1 回で済む．準ニュートン法では，ニュートン法がもっている 2 次収束性という優れた性質は失われるが（1 次収束法に退化するが），結果的には高速になることが多い．

次に連立 1 次方程式の数値解法について学ぶ．

3.2　ガウスの消去法

連立 1 次方程式の数値解法の中で，**ガウスの消去法** (Gaussian elimination)，あるいはそれと等価な **LU 分解法** (LU decomposition) が，通常の方程式に対

しては最も効率的な解法である．

次の n 元連立 1 次方程式を考える：

$$\begin{cases} a_{11}x_1 + a_{12}x_2 + \cdots + a_{1n}x_n = b_1 \\ a_{21}x_1 + a_{22}x_2 + \cdots + a_{2n}x_n = b_2 \\ \quad \cdots\cdots \\ a_{n1}x_1 + a_{n2}x_2 + \cdots + a_{nn}x_n = b_n \end{cases} \tag{3.10}$$

この式を行列とベクトルを用いて

$$A\boldsymbol{x} = \boldsymbol{b} \tag{3.11}$$

とコンパクトに記す．ここで，

$$A = \begin{pmatrix} a_{11} & a_{12} & \cdots & a_{1n} \\ a_{21} & a_{22} & \cdots & a_{2n} \\ \cdots & \cdots & \cdots & \cdots \\ \cdots & \cdots & \cdots & \cdots \\ a_{n1} & a_{n2} & \cdots & a_{nn} \end{pmatrix}, \quad \boldsymbol{x} = \begin{pmatrix} x_1 \\ x_2 \\ \vdots \\ \vdots \\ x_n \end{pmatrix}, \quad \boldsymbol{b} = \begin{pmatrix} b_1 \\ b_2 \\ \vdots \\ \vdots \\ b_n \end{pmatrix}$$

である．この式より，解は $\boldsymbol{x}=A^{-1}\boldsymbol{b}$ となるので，逆行列 A^{-1} を求めそれを掛けるという計算をしたくなるが，これは非効率的な計算であるので以下に述べるガウスの消去法を用いるべきである．

ガウスの消去法は，未知数を次々に消去していき解きやすい方程式へ変形していく**前進消去** (forward elimination) というプロセスと，変形後の方程式を解く**後退代入** (backward substitution) という，2 つのプロセスからなる．

前進消去の第 1 段は，式 (3.10) の 1 行目の式を用いて 2〜n 行目から x_1 を消去する．この計算の過程および計算の結果を示すと次のようになる．ここで k 行目の式を $\{k\}$ で表している．

―――― 第 1 段 ――――

$$a_{11}x_1 + a_{12}x_2 + \cdots + a_{1n}x_n = b_1$$

$\{2\} - \{1\} \times (a_{21}/a_{11})$ $\quad a_{22}^{(1)}x_2 + \cdots + a_{2n}^{(1)}x_n = b_2^{(1)}$

$\cdots$

$\{i\} - \{1\} \times (a_{i1}/a_{11})$ $\quad a_{i2}^{(1)}x_2 + \cdots + a_{in}^{(1)}x_n = b_i^{(1)}$

$\cdots$

$\{n\} - \{1\} \times (a_{n1}/a_{11})$ $\quad a_{n2}^{(1)}x_2 + \cdots + a_{nn}^{(1)}x_n = b_n^{(1)}$

上式の $a_{ij}^{(1)}$, $b_i^{(1)}$ ($i, j = 2, 3, \ldots, n$) は，消去によって生じた新しい係数であり

$$\begin{aligned} a_{ij}^{(1)} &= a_{ij} - (a_{i1}/a_{11})\, a_{1j} \\ b_i^{(1)} &= b_i - (a_{i1}/a_{11})\, b_1 \\ &i, j = 2, 3, \ldots, n \end{aligned} \tag{3.12}$$

である．ここで $a_{11} \neq 0$ を仮定したが，もし $a_{11} = 0$ ならば行の入れ換えを行えばよいので（この入れ換えによって解は変化しない），この仮定は妥当である．この消去に使った行列要素 a_{11} を**軸** (pivot) と呼ぶ．

次に第 2 段は，2 番目の式を用いて $3 \sim n$ 番目の式から x_2 を消去する．その計算の過程および結果を以下に示す：

―――― 第 2 段 ――――

$$a_{11}x_1 + a_{12}x_2 + \cdots + \cdots + a_{1n}x_n = b_1$$
$$a_{22}^{(1)}x_2 + \cdots + \cdots + a_{2n}^{(1)}x_n = b_2^{(1)}$$

$\{3\} - \{2\} \times (a_{32}^{(1)}/a_{22}^{(1)})$ $\quad a_{33}^{(2)}x_3 + \cdots + a_{3n}^{(2)}x_n = b_3^{(2)}$

$\cdots$

$\{i\} - \{2\} \times (a_{i2}^{(1)}/a_{22}^{(1)})$ $\quad a_{i3}^{(2)}x_3 + \cdots + a_{in}^{(2)}x_n = b_i^{(2)}$

$\cdots$

$\{n\} - \{2\} \times (a_{n2}^{(1)}/a_{22}^{(1)})$ $\quad a_{n3}^{(2)}x_3 + \cdots + a_{nn}^{(2)}x_n = b_n^{(2)}$

ここで，$a_{ij}^{(2)}$, $b_i^{(2)}$ ($i, j = 3, 4, \ldots, n$) は

$$a_{ij}^{(2)} = a_{ij}^{(1)} - (a_{i2}^{(1)}/a_{22}^{(1)}) a_{2j}^{(1)}$$
$$b_i^{(2)} = b_i^{(1)} - (a_{i2}^{(1)}/a_{22}^{(1)}) b_2^{(1)} \qquad (3.13)$$
$$i, j = 3, 4, \ldots, n$$

である．以下同様のことを繰り返し，最終段（第 $(n-1)$ 段）に至る：

第 $(n-1)$ 段

$$
\begin{aligned}
a_{11} x_1 \; + \; a_{12} x_2 \; + \cdots \qquad \qquad \cdots \; + \; a_{1n} x_n &= b_1 \\
a_{22}^{(1)} x_2 \; + \cdots \qquad \qquad \cdots \; + \; a_{2n}^{(1)} x_n &= b_2^{(1)} \\
a_{33}^{(2)} x_3 \; + \cdots \; + \; a_{3n}^{(2)} x_n &= b_3^{(2)} \\
\cdots \qquad \cdots \qquad \cdots \qquad & \cdots \\
& \cdots \qquad \cdots \qquad \cdots \\
& \cdots \qquad \cdots \\
\{n\} - \{n-1\} \times a_{nn-1}^{(n-2)}/a_{n-1\,n-1}^{(n-2)} \qquad \qquad a_{nn}^{(n-1)} x_n &= b_{nn}^{(n-1)}
\end{aligned}
$$

ここで，

$$a_{nn}^{(n-1)} = a_{nn}^{(n-2)} - (a_{nn-1}^{(n-2)}/a_{n-1\,n-1}^{(n-2)}) a_{n-1\,n}^{(n-2)}$$
$$b_n^{(n-1)} = b_n^{(n-2)} - (a_{nn-1}^{(n-2)}/a_{n-1\,n-1}^{(n-2)}) b_{n-1}^{(n-2)} \qquad (3.14)$$

である．ここまでの過程が前進消去である．

前進消去では，上の式を見ればわかる通り，$a_{ij}^{(k)}$ の過去の値を用いていないので（$a_{ij}^{(k)}$ の計算では直前の $a_{ij}^{(k-1)}$ しか用いてないので），$a_{ij}^{(k)}, b_i^{(k)}$ ($k = 1, \ldots, n-1$) を区別しないで，もとのデータ a_{ij}, b_i と同じ場所に上書きすればよい．

● 前進消去 ●

```
1: for k := 1 to n - 1 do
2:     w := 1/a_{kk};
3:     for i := k + 1 to n do
4:         m := a_{ik} w;
5:         for j := k + 1 to n do
6:             a_{ij} := a_{ij} - m a_{kj};
```

```
 7:      end for
 8:      $b_i := b_i - m\,b_k$;
 9:   end for
10: end for
```

次は解を求めることになる．前進消去が終わった段階の式を見ればわかる通り，n 番目の式は未知数が x_n のみであるから直ちに解ける．それを $n-1$ 番目の式に代入すれば，$n-1$ 番目の式も未知数が x_{n-1} のみになるので直ちに解ける．このようなことを繰り返し，逆向きに次々と解いていく過程を後退代入という．後退代入の計算過程を式で表すと次のようになる：

──── 後退代入 ────

$$\begin{aligned}
x_n &= b_n^{(n-1)}/a_{nn}^{(n-1)} \\
x_{n-1} &= (b_{n-1}^{(n-2)} - a_{n-1}^{(n-2)} x_n)/a_{n-1\,n-1}^{(n-2)} \\
&\cdots\quad \cdots \\
&\cdots\quad \cdots \\
x_1 &= (b_1 - a_{12}\,x_2 - \cdots - a_{1n}\,x_n)/a_{11}
\end{aligned}$$

● 後退代入 ●

```
1: $x_n := b_n/a_{nn}$;
2: for $k := n-1$ to $1$ do
3:    $s := 0$;
4:    for $j := k+1$ to $n$ do
5:       $s := s + a_{kj}\,x_j$;
6:    end for
7:    $x_k := (b_k - s)/a_{kk}$;
8: end for
```

例 3.2　次の連立 1 次方程式をガウスの消去法で解く．

$$\begin{cases} 2\,x_1 + 3\,x_2 + 3\,x_3 = 5 \\ 3\,x_1 + 2\,x_2 - x_3 = -4 \\ 5\,x_1 + 4\,x_2 + 2\,x_3 = 3 \end{cases} \tag{3.15}$$

```
 1: /*
 2:    Gaussian elimination for solving
 3:       A x=b
 4: */
 5: #define n     3
 6: #define n1    4
 7: #include <stdio.h>
 8:
 9: main()
10: {
11:   int i,j,k;
12:   double a[n1][n1],b[n1],x[n1],w,m,s;
13:
14:   a[1][1]=2; a[1][2]=3; a[1][3]=3;  b[1]=5;
15:   a[2][1]=3; a[2][2]=2; a[2][3]=-1; b[2]=-4;
16:   a[3][1]=5; a[3][2]=4; a[3][3]=2;  b[3]=3;
17:
18:   /* Forward elimination */
19:   for (k=1; k<=n-1; k++) {
20:     w=1./a[k][k];
21:     for (i=k+1; i<=n; i++) {
22:       m=a[i][k]*w;
23:       for (j=k+1; j<=n; j++)
24:         /*  a[i][j] <- a[i][j]-m*a[k][j]  */
25:         a[i][j]-=m*a[k][j];
26:       /*  b[i] <- b[i]-m*b[k]  */
27:       b[i]-=m*b[k];
28:     }
29:   }
30:
31:   /*  Backward substitution  */
32:   x[n]=b[n]/a[n][n];
33:   for (k=n-1; k>=1; k--) {
34:     s=0;
35:     for (j=k+1; j<=n; j++)
36:       s+=a[k][j]*x[j];  /*  s <- s+a[k][j]*x[j]   */
37:
38:     x[k]=(b[k]-s)/a[k][k];
39:   }
40:   for (i=1; i<=n; i++)
41:     printf("x[%d]=%f \n",i,x[i]);
42: }
```

我々は数値計算を行うとき，係数行列 A が同じで右辺の定数ベクトル b が異なる連立 1 次方程式を何組か解かなければならない，ということがよくある．そのようなとき，ガウスの消去法を何度も用いるのではなく，次に示す LU 分解法を用いるほうが有利である．

3.3 LU 分解法

LU 分解法とは，行列 A を上三角行列 (upper triangular matrix) U と下三角行列 (lower triangular matrix) L の積に分解してから解 x を求める方法である．ここで上（下）三角行列とは，行列の対角要素よりも右上（左下）部分だけに値をもち，残りの要素はすべて 0 となる行列である．なぜ，複数の連立 1 次方程式を解くとき，LU 分解法がガウスの消去法に比べ有利なのかを学ぶ．

後述するように，行列 A はガウスの消去法とほぼ同等なアルゴリズムで LU 分解でき，計算量はやはりガウスの消去法と同等の $O(n^3)$ である（演習問題）．次に，行列 A が

$$A = LU \tag{3.16}$$

と分解されたとする．そうすると，$Ux = y$ とおけば，もとの方程式 $Ax = b$ は

$$Ly = b, \qquad Ux = y \tag{3.17}$$

という 2 つの方程式に分解される．これら 2 つの方程式は，係数行列が三角行列になっているから解が容易に求まる．すなわち，$Ly = b$ は L が下三角行列なので，一番上が未知数が 1 つの自明な方程式であり，これを解いて 2 番目に代入すれば，2 番目の未知数について解け，それを 3 番目に代入すれば 3 番目の未知数についても解け，…，という要領で「前進代入」によりすべての解が求まり，次にそうやって求めた y より $Ux = y$ は，前にも説明した後退代入により容易に解ける．この LU 分解後の前進代入および後退代入の計算量は，どちらも $O(n^2)$ であるから（演習問題），n が大きいときは，LU 分解の計算量 $O(n^3)$ と比べれば無視できる大きさになる．

LU 分解法を利用すると，l 個の連立 1 次方程式

$$A x_1 = b_1, \ A x_2 = b_2, \cdots, A x_l = b_l$$

の解を同時に求めるときかなり有利になる．というのは，この計算をガウスの消去法を l 回用いて行えば，全体の計算量は $O(ln^3)$ となるが，これに対して，行列 A をいったん LU 分解しておけば，$l \ll n$ のとき $O(n^3) + O(ln^2) = O(n^3)$ の計算量で計算が完了するからである．

一方，逆行列 A^{-1} をあらかじめ求めておいて

$$\bm{x}_1 = A^{-1}\bm{b}_1, \quad \bm{x}_2 = A^{-1}\bm{b}_2, \ldots, \bm{x}_l = A^{-1}\bm{b}_l$$

とする計算法も考えられる．ここでこの方法について多少コメントする．逆行列 A^{-1} は，通常，**ガウス・ジョルダンの消去** (Gauss–Jordan elimination) という方法で求める．この計算法はおおよそ $2n^3$ 回の加減乗除を必要とする [7]．これに対して LU 分解法は $2n^3/3$ 回の加減乗除で計算が完了する（演習問題）ので，やはり LU 分解法を用いるほうが断然有利である．

以下，LU 分解の計算過程を例題の方程式 (3.15) で説明する．まず，この方程式を解くガウスの消去法の過程を行列で表現する．この連立方程式では，行列 A は

$$A = \begin{pmatrix} 2 & 3 & 3 \\ 3 & 2 & -1 \\ 5 & 4 & 2 \end{pmatrix} \tag{3.18}$$

である．第 1 段の $\{2\} - \{1\} \times (3/2)$，$\{3\} - \{1\} \times (5/2)$ という操作は，係数行列 A に左から

$$M_1 = \begin{pmatrix} 1 & 0 & 0 \\ -3/2 & 1 & 0 \\ -5/2 & 0 & 1 \end{pmatrix}$$

を掛けることと等価である．実際，

$$A^{(1)} := M_1 A = \begin{pmatrix} 1 & 0 & 0 \\ -3/2 & 1 & 0 \\ -5/2 & 0 & 1 \end{pmatrix} \begin{pmatrix} 2 & 3 & 3 \\ 3 & 2 & -1 \\ 5 & 4 & 2 \end{pmatrix} = \begin{pmatrix} 2 & 3 & 3 \\ 0 & -5/2 & -11/2 \\ 0 & -7/2 & -11/2 \end{pmatrix}$$

となり，第 1 段が終了した時点での係数が計算される．第 2 段の操作は，この行列に左から

$$M_2 = \begin{pmatrix} 1 & 0 & 0 \\ 0 & 1 & 0 \\ 0 & -7/5 & 1 \end{pmatrix}$$

を掛けることに等しい．実際，

$$A^{(2)} := M_2 A^{(1)} = \begin{pmatrix} 1 & 0 & 0 \\ 0 & 1 & 0 \\ 0 & -7/5 & 1 \end{pmatrix} \begin{pmatrix} 2 & 3 & 3 \\ 0 & -5/2 & -11/2 \\ 0 & -7/2 & -11/2 \end{pmatrix} = \begin{pmatrix} 2 & 3 & 3 \\ 0 & -5/2 & -11/2 \\ 0 & 0 & 11/5 \end{pmatrix}$$

となる．実はこの行列 $A^{(2)}$ は，前進消去が終わった状態の方程式の係数を並べたものであり，上三角行列 U そのものなのである．式で表すと

$$U := A^{(2)} = M_2 A^{(1)} = M_2 M_1 A = MA \tag{3.19}$$

である．ここで M は

$$M = M_2 M_1 = \begin{pmatrix} 1 & 0 & 0 \\ 0 & 1 & 0 \\ 0 & -7/5 & 1 \end{pmatrix} \begin{pmatrix} 1 & 0 & 0 \\ -3/2 & 1 & 0 \\ -5/2 & 0 & 1 \end{pmatrix} = \begin{pmatrix} 1 & 0 & 0 \\ -3/2 & 1 & 0 \\ -2/5 & -7/5 & 1 \end{pmatrix}$$

である．

一方，L は $A = LU$ であるから，式 (3.19) より

$$L = AU^{-1} = A(MA)^{-1} = M^{-1} \tag{3.20}$$

である．実際，M^{-1} を計算すると

$$L := M^{-1} = \begin{pmatrix} 1 & 0 & 0 \\ 3/2 & 1 & 0 \\ 5/2 & 7/5 & 1 \end{pmatrix} \tag{3.21}$$

となり，L は下三角行列になっている．このことは一般の行列についてもいえることである．

以上をまとめると，上三角行列 U は前進消去によって生じた行列そのものであり，下三角行列 L は対角要素をすべて 1 とし，下半分に消去の際に用いた乗数を並べたものになっている．

実際にプログラムを書くときは，計算量を減らすため，L と U に含まれる 0 とか 1 という自明な値は計算しないことにする．

● **LU 分解法** ●

1: **for** $k := 1$ **to** $n - 1$ **do**
2:   $w := 1/a_{kk}$;
3:   **for** $i := k + 1$ **to** n **do**
4:     $a_{ik} := w\, a_{ik}$;
5:     **for** $j := k + 1$ **to** n **do**
6:       $a_{ij} := a_{ij} - a_{ik}\, a_{kj}$;
7:     **end for**
8:   **end for**
9: **end for**

● **前進代入と後退代入** ●

1: {*** Forward substitution ***}
2: $y_1 := b_1$;
3: **for** $k := 2$ **to** n **do**
4:   $s := 0$;
5:   **for** $j :=$ **to** $k - 1$ **do**
6:     $s := s + a_{kj}\, x_j$;
7:   **end for**
8:   $y_k := b_k - s$;
9: **end for**
10: {*** Backward substitution ***}
11: $x_n = y_n / a_{nn}$;
12: **for** $k := n - 1$ **to** 1 **do**
13:   $s := 0$;
14:   **for** $j := k + 1$ **to** n **do**
15:     $s := s + a_{kj}\, x_j$;
16:   **end for**
17:   $x_k := (y_k - s)/a_{kk}$;

```
18: end for
```

例 3.3 以下の 2 つの連立 1 次方程式を解く：

$$A\boldsymbol{x}_1 = \boldsymbol{b}_1, \qquad A\boldsymbol{x}_2 = \boldsymbol{b}_2$$

ここで，行列 A，ベクトル $\boldsymbol{b}_1$, $\boldsymbol{b}_2$ は

$$A = \begin{pmatrix} 2 & 3 & 3 \\ 3 & 2 & -1 \\ 5 & 4 & 2 \end{pmatrix}, \quad \boldsymbol{b}_1 = \begin{pmatrix} 5 \\ -4 \\ 3 \end{pmatrix}, \quad \boldsymbol{b}_2 = \begin{pmatrix} 2 \\ 6 \\ 7 \end{pmatrix}$$

である．

```
 1: /*
 2:     LU decomposition and solving linear equation
 3: */
 4: #include <stdio.h>
 5: #define n1      4
 6: void Decomp(double a[][n1], int n);
 7: void Solve(double a[][n1], double b[], double x[], int n);
 8:
 9: main()
10: {
11:    int i,j,k,n;
12:    double a[n1][n1],b1[n1],b2[n1],x1[n1],x2[n1];
13:
14:    n=n1-1;
15:    a[1][1]= 2; a[1][2]= 3; a[1][3]= 3;
16:    a[2][1]= 3; a[2][2]= 2; a[2][3]=-1;
17:    a[3][1]= 5; a[3][2]= 4; a[3][3]= 2;
18:
19:    b1[1]= 5; b2[1]= 2;
20:    b1[2]=-4; b2[2]= 6;
21:    b1[3]= 3; b2[3]= 7;
22:
23:    Decomp(a,n);
24:
25:    printf(" *** A is decomposed into *** \n");
26:    for (i=1; i<=n; i++) {
27:      for (j=1; j<=n; j++)
28:        printf(" %11.4e ",a[i][j]);
29:      printf("\n");
30:    }
```

```
31:
32:    Solve(a,b1,x1,n); Solve(a,b2,x2,n);
33:
34:    printf("\n");
35:    printf("    ***  Solutions   ***\n");
36:    for (i=1; i<=n; i++)
37:      printf(" % 11.4e   %11.4e \n",x1[i],x2[i]);
38: }
39:
40: /*    LU decomposition   */
41:
42: void Decomp(double a[][4],int n)
43: {
44:    int i,j,k;
45:    double w;
46:
47:    for (k=1; k<=n-1; k++) {
48:      w=1.0/a[k][k];
49:      for (i=k+1; i<=n; i++) {
50:        a[i][k]=w*a[i][k];
51:        for (j=k+1; j<=n; j++)
52:          a[i][j]-=a[i][k]*a[k][j];
53:      }
54:    }
55: }
56:
57: /*
58:     Solving linear equation by using L, U matrices
59: */
60: void Solve(double a[][4], double b[], double x[], int n)
61: {
62:    int i,j,k;
63:    double y[4],s;
64:
65:    y[1]=b[1];
66:    for (k=2; k<=n; k++) {
67:      s=0;
68:      for (j=1; j<=k-1; j++)
69:        s+=a[k][j]*y[j];
70:      y[k]=b[k]-s;
71:    }
72:
73:    x[n]=y[n]/a[n][n];
74:    for (k=n-1; k>=1; k--) {
75:      s=0;
76:      for (j=k+1; j<=n; j++)
77:        s+=a[k][j]*x[j];
78:      x[k]=(y[k]-s)/a[k][k];
```

```
79:     }
80: }
```

ここで LU 分解の応用についてもう 2 点付け加えておく．まず，第 1 点は精度の改良である．方程式 $A\boldsymbol{x} = \boldsymbol{b}$ の真の解を $\boldsymbol{x}^*$ とする．すなわち $A\boldsymbol{x}^* = \boldsymbol{b}$ である．これに対して，LU 分解法を用いて得られた近似解を $\hat{\boldsymbol{x}}$ とする．これは丸め誤差のため，当然，真の解 $\boldsymbol{x}^*$ とは異なっている．このとき，$\hat{\boldsymbol{x}}$ の残差 (residual) $\boldsymbol{r} = \boldsymbol{b} - A\hat{\boldsymbol{x}}$ と誤差 $\boldsymbol{e} = \hat{\boldsymbol{x}} - \boldsymbol{x}^*$ の関係は

$$A\boldsymbol{e} = -\boldsymbol{r} \tag{3.22}$$

であるから，$\boldsymbol{r}$ を求めた後に，この方程式を解いて誤差 $\boldsymbol{e}$ （の近似値）を求め，$\hat{\boldsymbol{x}} - \boldsymbol{e}$ という補正を行えば，より真の値に近い解が得られるはずである．なぜならば，丸め誤差がなければこの値は真値 $\boldsymbol{x}^*$ になっているからである．方程式 (3.22) を解くとき，当然，近似解 $\hat{\boldsymbol{x}}$ を求めるときに用いた L, U を再利用する．このようにすれば，解を求めるのとほとんど同じ手間でより高精度の解が得られる．

最後にもう 1 つ重要な応用は行列式の計算である．上（下）三角行列の行列式の値は，対角要素の積になる．したがって，A の行列式の値は

$$|A| = |LU| = |L||U| = |U| = \prod_{i=1}^{n} a_{ii}^{(i-1)}$$

である．ただしここで $a_{11}^{(0)} = a_{11}$ とした．すなわち，LU 分解を行ったときにできあがった行列の対角要素の積は，別な言い方をすれば，ガウスの消去法において前進消去を行うときの軸になる値の積は，もとの行列の行列式の値になっているということである．行列式の値は，線形代数の教科書にある定義式に従って計算すると，その計算量は $O(n!)$ になるので，通常の計算機では $n = 15 \sim 17$ 位が限界であろう．これに対してガウスの消去法（LU 分解法）を用いれば，$n = 1000 \sim 10000$ 程度の計算は十分に可能である．

3.4 枢軸選び

ガウスの消去法 (LU 分解法) では，前進消去の第 k 段において軸になる値，すなわち $a_{kk}^{(k-1)}$ が 0 でなければよい．仮にこの値が 0 ならば，$a_{ik}^{(k-1)}$ $(i = k+1, \ldots, n)$

の中でそれが 0 でない行を探し出し，その行と第 k 行とを入れ替えて消去を行えば理論上は何も問題ない．ところが，計算精度の点からはこのような操作では必ずしも十分ではない．

まず，次の 2 元連立方程式を考える：

$$\begin{cases} \varepsilon x + y = 1 \\ x + y = 2 \end{cases} \tag{3.23}$$

ここで $0 < |\varepsilon| \ll 1$ を仮定する．このとき，この方程式の解は

$$x = \frac{1}{1-\varepsilon} \simeq 1, \qquad y = \frac{1-2\varepsilon}{1-\varepsilon} \simeq 1$$

である．この方程式をガウスの消去法で解くことを考える．

仮定より $\varepsilon \neq 0$ なので，この値を軸にして前進消去を行うと

$$\begin{aligned} \varepsilon x + y &= 1 \\ \left(1 - \frac{1}{\varepsilon}\right) y &= 2 - \frac{1}{\varepsilon} \end{aligned} \tag{3.24}$$

となる．ここで 2 番目の式を y について解けば，仮定より $1 \ll 1/|\varepsilon|$ であるから

$$y = \frac{2 - 1/\varepsilon}{1 - 1/\varepsilon} \simeq 1$$

となる．ここまでの計算は，実際に計算した場合，特に問題なくほぼ満足すべき結果が得られよう．これに対して x を計算するときは，ここで得られた y を最初の式に代入し

$$x = \frac{1-y}{\varepsilon}$$

という計算を行うので，$1-y$ という計算ではかなり激しい桁落ちが生じるだろう．しかもそれに大きな数 $1/\varepsilon$ を掛けることになる．したがって，x のほうではあまり高精度は望めないだろう．極端な話，$0 < |\varepsilon| < \varepsilon_M$ で，y の分母，分子が計算機内部で

$$1 - \frac{1}{\varepsilon} \Rightarrow -\frac{1}{\varepsilon}, \qquad 2 - \frac{1}{\varepsilon} \Rightarrow -\frac{1}{\varepsilon}$$

となる場合，$y = 1, x = 0$ となってしまう．これは，x に関してはまったく見当違いの値といえよう．

次に式の順序を入れ替えた

$$\begin{cases} x + y = 2 \\ \varepsilon x + y = 1 \end{cases} \tag{3.25}$$

という方程式を考える．これに対して前進消去を行うと

$$\begin{aligned} x + y &= 2 \\ (1-\varepsilon)y &= 1 - 2\varepsilon \end{aligned} \tag{3.26}$$

となる．この 2 番目の式から y を求めて

$$y = \frac{1 - 2\varepsilon}{1 - \varepsilon} \simeq 1$$

を得る．これを最初の式に代入し

$$x = 2 - y \simeq 1$$

となり，今回は y だけでなく x も正常である．

ここで，式の入れ替えを行うことによって異常現象が回避できた理由について考える．2 元連立方程式を解くということは，幾何学的には，それぞれの式が表す 1 組の直線の交点を求めることに他ならない．その場合，2 本の直線が平行線に近いと，わずかなズレが交点の座標を大きく変えてしまう（図 3.2 参照）．2 つの直線が平行線に近いということは，第 1 章で学んだ条件数の大きい方程式なのである（演習問題）．ガウスの消去法では，最初に与えられた 1 組の直線を，計算上の都合により，同じ交点をもつ別の 1 組へと変換した．最初の例では，第 1 式はそのままにして

$$\text{新第 2 式} \Leftarrow \text{第 2 式} - \left(\frac{1}{\varepsilon}\right) \times \text{第 1 式}$$

という変換を行っている．仮定より $1 \ll |1/\varepsilon|$ なので，新第 2 式は第 1 式を定数倍（すなわち $-1/\varepsilon$ 倍）したものとほとんど変わらないはずである．要するに，交点を求めるために使われる 2 つの式（第 1 式と新第 2 式）が表す直線は，平行線に近いものになっているのである．これに対して式を入れ替えた 2 番目の例では，入れ替え後のものを上から第 1 式，第 2 式とすると

$$\text{新第 2 式} \Leftarrow \text{第 2 式} - \varepsilon \times \text{第 1 式}$$

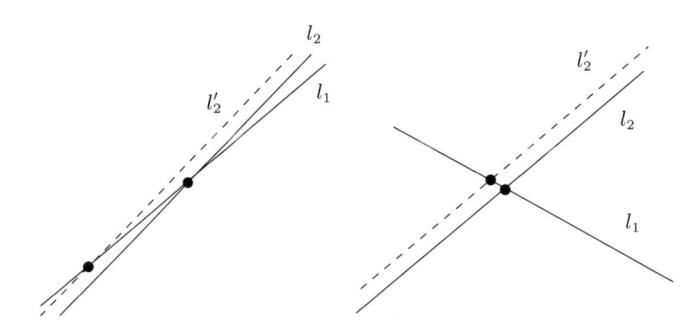

図 3.2 直線 l_2 がわずかに移動して l_2' になったときの l_1 との交点の変化

としているので，この場合は新第 2 式は第 2 式に近いものになっている．したがって，第 1 式と新第 2 式の組み合わせから解を求めても，第 1 式と第 2 式が初めから平行線に近い問題でない限り安全である．

要するに大切なことは大きな数を掛けて他の式に加えないようにすることである．このようなことを防ぐため，第 k 段の消去では，k 行から n 行の中で k 列目の要素の絶対値 $|a_{ik}^{(k-1)}|\,(i=k,\ldots,n)$ が最大である行を第 k 行と入れ替え，それを軸に消去を行うようにする．そうすれば $|a_{ik}^{(k-1)}/a_{kk}^{(k-1)}| \leq 1$ となるので安全である．このような操作を**部分枢軸選択** (partial pivoting) と呼んでいる．

以上の議論より，部分枢軸選択によってガウスの消去法（LU 分解法）が安定なアルゴリズムになることがわかった．しかし行の入れ替えが頻繁に行われれば，計算量の増大を招くことにもなる．そこで行の入れ替えを行わず，あたかも入れ替えが行われたかのように見せかける巧妙なプログラミング手法があるので紹介しておく：

1. まず，行のもとの位置を表す整数型配列（p[] とする）を用意しておき，初期値を p[1] = 1, p[2] = 2, ..., p[n] = n としておく．
2. i 行と j 行の入れ替えが必要になったときは，p[i] と p[j] の中身を入れ替える．
3. 配列要素 a[i][j], b[i] にアクセスするときは，代わりに配列要素 a[p[i]][j], b[p[i]] にアクセスする．

例 3.4 上で述べた手法を用いて部分枢軸選択を行う LU 分解法のプログラムを作り，部分枢軸選択の効果を確認する．係数行列 A は，対角要素をすべて

10^{-3} とし,それ以外の要素は区間 (0, 1000) の一様乱数としたものを用いる.また,右辺のベクトル **b** は,解が $x_i = 1 \, (i = 1, \ldots, n)$ となるようにしたものと,$x_i = i \, (i = 1, \ldots, n)$ となるようにしたものを 2 種類選び,これら 2 つの問題(それぞれ問題 1, 2 とする)について,部分枢軸選択を行う場合と行わない場合とで誤差を比較する.

まずプログラムを下に示す.

```
 1: /*
 2:    LU decomposition with partial pivoting
 3: */
 4: void Decomp(double a[][n1], int p[], int n)
 5: {
 6:   int i,j,k,i_max,tmp;
 7:   double w,a_max;
 8:
 9:   for (k=1; k<=n; k++) p[k]=k;
10:
11:   for (k=1; k<n; k++) {
12:     i_max=k;
13:     a_max=fabs(a[p[i_max]][k]);
14:     for (i=k+1; i<=n; i++) {
15:       if (fabs(a[p[i]][k]) > a_max) {
16:         i_max=i;
17:         a_max=fabs(a[p[i_max]][k]);
18:       }
19:     }
20:     if (i_max != k) {
21:       tmp=p[k];
22:       p[k]=p[i_max];
23:       p[i_max]=tmp;
24:     }
25:
26:     w=1.0/a[p[k]][k];
27:     for (i=k+1; i<=n; i++) {
28:       a[p[i]][k]=w*a[p[i]][k];
29:       for (j=k+1; j<=n; j++)
30:         a[p[i]][j]-=a[p[i]][k]*a[p[k]][j];
31:     }
32:   }
33: }
34:
35: /*
36:    Solving linear equation
37:           by using L, U matrices
38: */
39: void Solve(double a[][n1], double b[],
```

```
40:            double x[], int p[], int n)
41: {
42:    int i,j,k;
43:    double y[n1],s;
44:
45:    y[1]=b[p[1]];
46:    for (k=2; k<=n; k++) {
47:       s=0;
48:       for (j=1; j<=k-1; j++)
49:          s+=a[p[k]][j]*y[j];
50:       y[k]=b[p[k]]-s;
51:    }
52:
53:    x[n]=y[n]/a[p[n]][n];
54:    for (k=n-1; k>=1; k--) {
55:       s=0;
56:       for (j=k+1; j<=n; j++)
57:          s+=a[p[k]][j]*x[j];
58:       x[k]=(y[k]-s)/a[p[k]][k];
59:    }
60: }
```

これら2つの問題について,誤差の比較を表 3.2 に,部分枢軸選択を行ったときの配列要素 p[i] の推移を表 3.3 に示しておく.表 3.2 より部分枢軸選択が非常に有効であることがわかる.また,表 3.3 からステップ 3, 4, 8 を除いたすべてのステップで行の交換が起こっていることがわかる.

表 3.2 LU 分解法の誤差の比較

	問題 1 の誤差		問題 2 の誤差	
i	部分枢軸選択あり	部分枢軸選択なし	部分枢軸選択あり	部分枢軸選択なし
1	-3.553e-15	-1.6153e-09	7.994e-15	2.0373e-10
2	8.882e-15	1.7186e-09	-7.128e-14	1.1880e-09
3	1.354e-14	-1.4067e-09	-1.354e-13	-1.3133e-10
4	7.772e-15	7.6583e-10	-7.017e-14	3.2881e-10
5	-8.993e-15	7.9397e-10	7.994e-14	6.2962e-10
6	-1.332e-14	6.9581e-10	1.625e-13	1.6895e-09
7	-3.997e-15	-1.1381e-10	7.194e-14	1.8601e-09
8	1.887e-14	-4.3993e-10	-2.345e-13	-9.5029e-10
9	-1.332e-15	-1.2293e-09	-1.776e-14	-9.7137e-10
10	-2.098e-14	-5.9815e-10	2.558e-13	-2.0934e-09
	解 $x_i = 1 \, (i=1,\ldots,10)$		解 $x_i = i \, (i=1,\ldots,10)$	

表 3.3 ステップ k における配列要素 p[i] の値

k	p[i]									
0	1	2	3	4	5	6	7	8	9	10
1	6	2	3	4	5	1	7	8	9	10
2	6	3	2	4	5	1	7	8	9	10
3	6	3	2	4	5	1	7	8	9	10
4	6	3	2	4	5	1	7	8	9	10
5	6	3	2	4	9	1	7	8	5	10
6	6	3	2	4	9	5	7	8	1	10
7	6	3	2	4	9	5	8	7	1	10
8	6	3	2	4	9	5	8	7	1	10
9	6	3	2	4	9	5	8	7	10	1

3.5 連立 1 次方程式と条件数

ここで,第 1 章で学んだ条件数という立場で行の入れ替えを考えてみる.条件数というのは,「入力データのもつ相対誤差が計算結果に(最悪の場合)どの程度まで拡大されるか」を評価するための指標であった.そこで,行列,ベクトルにおける誤差の大きさを評価するために,**ノルム** (norm) という概念を導入する.

ベクトル $\bm{x} = (x_1 \ldots, x_n)^T$ のノルムは $\|\bm{x}\|$ と表し,その定義はいくつかあるが,ここでは

$$\|\bm{x}\| = \max_{1 \leq i \leq n} |x_i| \tag{3.27}$$

というものを採用する.これは以下の性質を満たす:

$$0 \leq \|\bm{x}\|$$
$$\|\alpha \bm{x}\| = |\alpha| \|\bm{x}\| \quad (\alpha \text{ はスカラー}) \tag{3.28}$$
$$\|\bm{x} + \bm{y}\| \leq \|\bm{x}\| + \|\bm{y}\|$$

一方,行列 A のノルムも $\|A\|$ で表し,その定義もいくつかあるが,ここでは上で定義したベクトルノルムに対応して

$$\|A\| = \max_{1 \leq i \leq n} \sum_{j=1}^{n} |a_{ij}| \tag{3.29}$$

というものを採用する.行列のノルムは,ベクトルノルムと同様の性質を満たす:

$$
\begin{aligned}
&0 \leq \|A\| \\
&\|\alpha A\| = |\alpha|\|A\| \quad (\alpha \text{ はスカラー}) \\
&\|A+B\| \leq \|A\| + \|B\| \\
&\|AB\| \leq \|A\|\|B\|
\end{aligned}
\qquad (3.30)
$$

また，行列ノルムとベクトルノルムとの間で

$$\|A\bm{x}\| \leq \|A\|\|\bm{x}\| \qquad (3.31)$$

という不等式が成り立つ．

以上の関係を用いて相対誤差を評価してみる．いま，方程式 (3.11) の右辺ベクトル $\bm{b}$ に誤差が入り $\tilde{\bm{b}}$ になったとする．このことにより，解 $\bm{x}$ も $\tilde{\bm{x}}$ に変化したとする．すなわち，

$$A\tilde{\bm{x}} = \tilde{\bm{b}}$$

とする．そうすると，$\bm{x} - \tilde{\bm{x}} = A^{-1}(\bm{b} - \tilde{\bm{b}})$ であるから

$$\|\bm{x} - \tilde{\bm{x}}\| = \|A^{-1}(\bm{b} - \tilde{\bm{b}})\| \leq \|A^{-1}\|\|\bm{b} - \tilde{\bm{b}}\|$$

となり，$\|\bm{b}\| \leq \|A\|\|\bm{x}\|$ を用いて

$$\frac{\|\bm{x} - \tilde{\bm{x}}\|}{\|\bm{x}\|} \leq \|A\|\|A^{-1}\|\frac{\|\bm{b} - \tilde{\bm{b}}\|}{\|\bm{b}\|} \qquad (3.32)$$

という評価が得られる．ここで，この式における相対誤差の拡大率 $\|A\|\|A^{-1}\|$ を

$$\mathrm{cond}\,(A) = \|A\|\|A^{-1}\|$$

と表し，連立 1 次方程式 (3.11) の**条件数**と呼ぶことにする．

前節の枢軸選択の効果を条件数の大小から評価してみる．消去後の方程式 (3.24) と (3.26) の係数行列をそれぞれ A_1 と A_2 とする．すなわち

$$A_1 = \begin{pmatrix} \varepsilon & 1 \\ 0 & 1 - 1/\varepsilon \end{pmatrix}, \qquad A_2 = \begin{pmatrix} 1 & 1 \\ 0 & 1 - \varepsilon \end{pmatrix}$$

とする．この 2 つの行列の条件数は，$0 < |\varepsilon| \ll 1$ という条件より

$$\mathrm{cond}\,(A_1) = \frac{1}{|\varepsilon|}\left(1 + \left|\frac{1}{\varepsilon} - 1\right|\right) \simeq \frac{1}{\varepsilon^2}, \qquad \mathrm{cond}\,(A_2) = 2\left(1 + \frac{1}{|1-\varepsilon|}\right) \simeq 4 \qquad (3.33)$$

となる(演習問題).この結果,A_1 のほうがはるかに悪条件であることがわかる.要するに,行を入れ替えないで消去を行った場合は,もとの方程式が条件数の大きい方程式に変換されてしまったわけである.

条件数が高いということで「悪名高い」行列に **ヒルベルト行列** (Hilbert matrix) という行列がある.n 次のヒルベルト行列とは

$$H = (h_{ij}) = \left(\frac{1}{i+j-1}\right), \quad i,j = 1,\ldots,n \tag{3.34}$$

という行列である.この行列は,与えられた関数 $f(x)$ に対して $\int_0^1 (f(x) - p(x))^2 \, dx$ を最小にする $m(=n-1)$ 次多項式

$$p(x) = a_m x^m + a_{m-1} x^{m-1} + \cdots + a_0$$

の係数 $a_i \, (i=0,\ldots,m)$ を与える連立 1 次方程式の係数行列である.このようにして得られる多項式を**最小二乗近似多項式** (least-squares approximation polynomial) と呼んでいる.

ヒルベルト行列を係数行列にもつ連立 1 次方程式がいかに悪条件になるかを見るために,次の連立 1 次方程式

$$H\boldsymbol{x} = \boldsymbol{b} \tag{3.35}$$

を部分枢軸選択を行うガウスの消去法で実際に解いてみる.ここで,右辺のベクトル $\boldsymbol{b}$ の第 i 要素 b_i を

$$b_i = \sum_{j=1}^{n} h_{ij}, \quad i = 1,\ldots,n$$

とし,解が $x_i = 1 \, (i=1,\ldots,n)$ となるようにする.誤差の大きさおよび(条件数 $\times \varepsilon_M$)の値を表 3.4 に示しておく.条件数は,H^{-1} の要素が具体的に与えられているので(例えば [28], p.122),それを用いて評価した.結果を見てわかるように,$n=10$ 前後の小さな問題を倍精度で計算したにもかかわらず,実用的な精度が得られているとはとてもいいがたい.また,この表に示した(条件数 $\times \varepsilon_M$)という値は,やや過大評価ではあるが,誤差の大きさを表す大まかな指標としては有効であるといえる.

条件数の高い悪条件問題は，計算機のパワーに任せて強引に解こうとしないで，同じ答えをもつ他の条件数の低い問題へ変換してから解くべきである．例えば，上述の最小二乗近似問題ならば，直交多項式展開を用いれば展開係数は連立 1 次方程式を用いないで容易に求まる [14]．

表 3.4 連立 1 次方程式 (3.35) の数値解 $\tilde{x}_i$ の誤差

n	$\max_{1 \leq i \leq n} \|\tilde{x}_i - 1\|$	$\varepsilon_M \operatorname{cond}(H_n)$
2	5.551e-16	5.995e-15
3	9.881e-15	1.661e-13
4	6.113e-13	6.301e-12
5	6.168e-13	2.095e-10
6	5.260e-10	6.455e-09
7	2.545e-08	2.188e-07
8	4.387e-07	7.521e-06
9	1.984e-05	2.442e-04
10	3.237e-04	7.851e-03
11	1.177e-02	2.739e-01
12	3.883e-01	9.138e+00

3.6 トーマスの計算法

零要素を多く含む**疎行列** (sparse matrix) が係数行列となる連立 1 次方程式は，偏微分方程式を差分法や有限要素法などで離散化した場合に現れる．したがって，このような連立 1 次方程式を効率的に解くことは応用上大変重要なことである．疎行列を扱うとき，非零要素の個数だけメモリを確保しておけば，記憶容量を大幅に節約できる．しかし，このような方程式に LU 分解法（ガウスの消去法）を適用すると，消去の過程で零要素が零でなくなることもあるため，零要素のための記憶場所も必要になってくる．また，疎行列を係数行列にもつ方程式に密行列のためのアルゴリズムを適用すれば，0 を掛けたり加えたりという無駄な演算に多くを費すことにもなる．

ここでは，疎行列の代表である**三重対角行列** (tri-diagonal matrix) を係数行列にもつ方程式に対しては，その行列の特徴を生かし，計算量および記憶容量を大幅に減らしたアルゴリズムを学ぶ．

以下のような連立方程式を考える：

$$\begin{pmatrix} b_1 & -c_1 & & & & & \\ -a_2 & b_2 & -c_2 & & & \text{\huge 0} & \\ & -a_3 & b_3 & -c_3 & & & \\ & & \ddots & \ddots & \ddots & & \\ & & & \ddots & \ddots & \ddots & \\ & \text{\huge 0} & & & -a_{n-1} & b_{n-1} & -c_{n-1} \\ & & & & & -a_n & b_n \end{pmatrix} \begin{pmatrix} x_1 \\ x_2 \\ x_3 \\ \vdots \\ \vdots \\ x_{n-1} \\ x_n \end{pmatrix} = \begin{pmatrix} d_1 \\ d_2 \\ d_3 \\ \vdots \\ \vdots \\ d_{n-1} \\ d_n \end{pmatrix} \quad (3.36)$$

この方程式は，上で述べた LU 分解法をそのまま適用しても当然解けるが，**トーマスの計算法** (Thomas' algorithm) を用いるとかなり効率的に解ける．以下，トーマスの計算法について簡単に説明する．

まず，式 (3.36) の一番上の式は

$$x_1 - e_1 x_2 = f_1 \quad (3.37)$$

と変形できる．ここで

$$e_1 = \frac{c_1}{b_1}, \qquad f_1 = \frac{d_1}{b_1}$$

である．これを 2 番目の式に代入すると

$$-a_2 (e_1 x_2 + f_1) + b_2 x_2 - c_2 x_3 = d_2$$

となる．これをさらに変形すると

$$x_2 - e_2 x_3 = f_2 \quad (3.38)$$

を得る．ここで

$$e_2 = \frac{c_2}{b_2 - a_2 e_1}, \qquad f_2 = \frac{d_2 + a_2 f_1}{b_2 - a_2 e_1}$$

である．次に，式 (3.38) を式 (3.36) の 3 番目に代入して

$$x_3 - e_3 x_4 = f_3 \quad (3.39)$$

を得る．ここで

$$e_3 = \frac{c_3}{b_3 - a_3 e_2}, \qquad f_3 = \frac{d_3 + a_3 f_2}{b_3 - a_3 e_2}$$

である．以下，同様の式変形を繰り返し，$n-1$ 番目の式まで変形していく．そうして得られた $n-1$ 番目の式

$$x_{n-1} - e_{n-1} x_n = f_{n-1} \tag{3.40}$$

と，式 (3.36) の一番下の式

$$-a_n x_{n-1} + b_n x_n = d_n \tag{3.41}$$

より x_n を求めると

$$x_n = \frac{d_n + a_n f_{n-1}}{b_n - a_n e_{n-1}} \tag{3.42}$$

となる．これを式 (3.40) に代入すると x_{n-1} が求まり，その値を変形後のすぐ上の式に代入すると x_{n-2} が求まり，$\cdots$，という順に計算していけば，最後に x_1 まですべて求まる．もちろん，これはガウスの消去法と等価である．

以上をまとめると次のようになる：

● **トーマスの計算法** ●

1: $e_0 := 0;\ f_0 := 0;$
2: **for** $k := 1$ **to** n **do**
3: $\quad e_k := c_k / (b_k - a_k e_{k-1});$
4: $\quad f_k := (d_k + a_k f_{k-1}) / (b_k - a_k e_{k-1});$
5: **end for**
6: $x_n := f_n;$
7: **for** $k := n-1$ **to** 1 **do**
8: $\quad x_k := e_k x_{k+1} + f_k;$
9: **end for**

例 3.5 式 (3.36) において

$$\begin{cases} a_i = 1, & i = 2, \ldots, n \\ b_i = 2, & i = 1, \ldots, n \\ c_i = 1, & i = 1, \ldots, n-1 \\ d_i = 0, & i = 1, \ldots, n-1, \quad d_n = n+1 \end{cases}$$

となる方程式をトーマスの計算法で解く（正解は $x_i = i\,(i = 1, \ldots, n)$）．
以下にプログラムと実行結果を示す．

```
 1: /*
 2:     Thomas' algorithm for solving tri-diagonal
 3:     linear system.
 4: */
 5: #include <stdio.h>
 6: #include <stdlib.h>
 7: #define n1 11
 8: void Thomas(double a[], double b[], double c[],
 9:      double d[], double x[], int n);
10:
11: main()
12: {
13:   double a[n1],b[n1],c[n1],d[n1],x[n1];
14:   int i,j,k,n;
15:
16:   n=n1-1;
17:   b[1]=2; c[1]=1; d[1]=0;
18:   for (i=2; i<=n-1; i++) {
19:     a[i]=1; b[i]=2; c[i]=1; d[i]=0;
20:   }
21:   a[n]=1; b[n]=2; d[n]=n1;
22:
23:   Thomas(a,b,c,d,x,n);
24:
25:   for (i=1; i<=n; i++)
26:     printf(" x[%2d]= %15.7e \n",i,x[i]);
27: }
28:
29: void Thomas(double a[], double b[], double c[],
30:      double d[], double x[], int n)
31: {
32:   double *e,*f;
33:   int k;
34:
35:   e=malloc(n1*sizeof(double));
36:   f=malloc(n1*sizeof(double));
37:
38:   e[0]=0; f[0]=0;
39:   for (k=1; k<=n; k++) {
40:     e[k]=c[k]/(b[k]-a[k]*e[k-1]);
41:     f[k]=(d[k]+a[k]*f[k-1])/(b[k]-a[k]*e[k-1]);
42:   }
43:
44:   x[n]=f[n];
45:   for (k=n-1; k>=1; k--)
```

```
46:     x[k]=e[k]*x[k+1]+f[k];
47:
48:   free(e); free(f);
49: }
```

表 **3.5** トーマスの計算法の実行結果

i	x_i
1	1.0000000e+00
2	2.0000000e+00
3	3.0000000e+00
4	4.0000000e+00
5	5.0000000e+00
6	6.0000000e+00
7	7.0000000e+00
8	8.0000000e+00
9	9.0000000e+00
10	1.0000000e+01

3.7　演習問題

1. 連立非線形方程式

$$f(x,y) = x + y - a - b = 0$$
$$g(x,y) = xy - ab = 0$$

にニュートン法適用するとどのような漸化式が得られるか.

2. n 元連立 1 次方程式を LU 分解法で解くとき，加減乗除は何回行われるか. n の関数として表せ. ただし，前進，後退の代入部分は除く.

3. n 元連立 1 次方程式を LU 分解法で解くとき，LU 分解後の前進，後退の代入部分では加減乗除が何回行われるか. n の関数として表せ.

4. 三重対角行列を係数行列としてもつ n 元連立 1 次方程式をトーマスの計算法を用いて解くとき，加減乗除は何回行われるか. n の関数として表せ.

5. 例題 3.3 の LU 分解法のプログラムを改良して，行列 A の逆行列 A^{-1} を計算するプログラムを作れ（ヒント：e_i を i 番目の要素のみが 1 で他は 0 となる n 次元ベクトルとし，n 組の連立方程式 $A\boldsymbol{x}_i = \boldsymbol{e}_i\,(i=1,\ldots,n)$ を解き，ベクトル $\boldsymbol{x}_i$ を横に並べればよい）.

6. 連立方程式

$$ax + by = r$$
$$cx + dy = s$$

が表す 2 直線がほぼ平行のとき，その交点の座標は，係数 a, b, c, d の変動に大きく左右されることを解析的に示せ．

7. 式 (3.33) を導け．

8. 例 3.5 と同じ問題をトーマスの計算法と LU 分解法で解き，計算時間を比較せよ．ただし，方程式の次数 n は $n = 1000 \sim 10000$ とし，メモリの許す範囲で行え．

✎ 第 3 章のまとめ ✎

- 連立非線形方程式をニュートン法で解く場合，連立 1 次方程式を解かねばならない．その場合，計算量を減らすため，ヤコビ行列の更新を行わない準ニュートン法が用いられることが多い．
- 連立 1 次方程式を解く場合，逆行列を求めそれを右辺の定数ベクトルに掛けるという計算は無駄が多い．
- 連立 1 次方程式を解く場合，係数行列が密行列ならばガウスの消去法（LU 分解法）がもっとも計算量が少ない．
- LU 分解法は，係数行列 A が共通で，異なる定数ベクトル b をもつ連立 1 次方程式をいくつか解く場合に有利である（ほぼ 1 回分の計算量で済む）．
- ガウスの消去法（LU 分解法）の第 k 段の消去では，$a_{ik}, (i = k, k+1, \ldots, n)$ の中で絶対値最大のものを軸として消去を行うと安定である．これを部分枢軸選択と呼ぶ．
- ガウスの消去法（LU 分解法）では行列式も同時に計算できる．
- 係数行列が三重対角行列ならば，トーマスの方法が効率的である．

第 4 章
関数を近似する

　計算機が行う演算は基本的には論理演算のみである．その論理演算をもとに加減乗除演算が行われ，加減乗除演算の組み合わせでより複雑な計算が行われている．したがって，加減乗除演算の有限回の組み合わせに還元できない計算は，原理的に実行不可能ということになる．ところが科学技術の分野では，初等関数および特殊関数など，ちょっと考えるととても加減乗除では手に負えそうにもない関数がたくさん現れる．逆に加減乗除演算のみで容易に計算できる関数の代表は，多項式および多項式を多項式で割った有理式であろう．本章では多項式による関数の近似計算法とその誤差について学ぶ．

4.1 多項式補間

　関数 $f(x)$ の近似多項式を作る場合，まず，区間を限定しその区間内のいくつかの点（標本点）で $f(x)$ と値が一致するようなものを考えるであろう．このような近似法は，**多項式補間** (polynomial interpolation) と呼ばれ，理論的にも実用的にも扱いやすいのでよく用いられる．

　もう少し具体的にいうと，多項式補間とは，ある区間を定め（以後 $[a, b]$ とする），この区間内の互いに異なる $n+1$ 点 $x_i\,(i=0,1,\ldots,n)$ 点において，条件

$$L(x_i) = f(x_i), \qquad x_i \in [a, b], \qquad i = 0, 1, \ldots, n \tag{4.1}$$

を満たすような n 次多項式 $L(x)$ を求めることである．このような多項式は 1 つしか存在しないことを示そう．

いま補間の条件 (4.1) を満たす n 次多項式が $L(x)$ 以外にあったする．そのうちの 1 つを $M(x)$ とし，$L(x)$ と $M(x)$ の差を $R(x)$ とする．そうすると $R(x) = L(x) - M(x)$ は，最大で n 次の多項式になり，$L(x)$ も $M(x)$ もともに補間の条件を満たしているので

$$R(x_i) = L(x_i) - M(x_i) = 0, \quad i = 0, 1, \ldots, n \tag{4.2}$$

となる．しかし，これは最大で n 次の多項式 $R(x)$ が $n+1$ 個の零点をもつことになるので矛盾している．したがって，補間の条件 (4.1) を満たす n 次多項式は 1 つしか存在しないことになる．

補間多項式の表現法はいくつかあるが，**ラグランジュ補間** (Lagrange interpolation) と呼ばれる以下のものがもっとも有名である：

ラグランジュ補間

$$L(x) = \sum_{i=0}^{n} l_i(x) f(x_i) \tag{4.3}$$

$$l_i(x) = \prod_{j=0,\, j \neq i}^{n} \frac{x - x_j}{x_i - x_j}, \quad i = 0, 1, \ldots, n \tag{4.4}$$

上式の $l_i(x)$ は

$$\begin{aligned} l_i(x) &= \frac{\varphi(x)}{(x - x_i)\, \varphi'(x_i)}, \quad i = 0, 1, \ldots, n, \\ \varphi(x) &= \prod_{j=0}^{n} (x - x_j) \end{aligned} \tag{4.5}$$

とも表される（演習問題）．その定義より，$l_i(x)$ は n 次多項式で，条件

$$l_i(x_j) = \delta_{ij}, \tag{4.6}$$

を満たしていることがわかる．ここで

$$\delta_{ij} = \begin{cases} 1, & i = j \\ 0, & i \neq j \end{cases} \tag{4.7}$$

である（演習問題）．式 (4.7) で表される関数を**クロネッカのデルタ関数** (Kronecker delta function) と呼んでいる．$l_i(x)$ のもっているこの性質より，$L(x)$ が補間の条件 (4.1) を満たしていることが直ちにわかる．ここで注意することは，式 (4.3) は補間多項式の 1 つの表現法にすぎないということである．どのような形式で表現しようとも実質は同じものになるというのが，補間多項式の一意性の意味するところである．

例 4.1 関数 $f(x) = \sin^2 \pi x$ と 3 点 $x = 0, 0.5, 1$ で値の一致する 2 次補間多項式を作る．式 (4.3) において $n = 2$ として，$x_0 = 0, x_1 = 0.5, x_2 = 1$ とおけば

$$L(x) = \frac{(x-0.5)(x-1)}{(0-0.5)(0-1)} \sin^2 0 + \frac{(x-0)(x-1)}{(0.5-0)(0.5-1)} \sin^2 (0.5\pi)$$
$$+ \frac{(x-0)(x-0.5)}{(1-0)(1-0.5)} \sin^2 \pi$$
$$= -4x(x-1)$$

を得る．ここで $L(x)$ と $f(x)$ との関係を図 4.1 に示す．この図より，3 点 $x = 0, 0.5, 1$ では両者の値が一致していることがわかる．

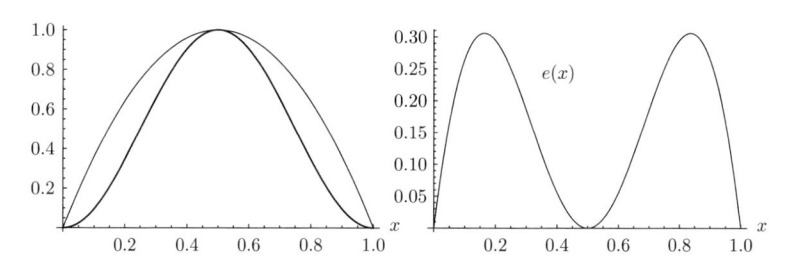

図 4.1 $f(x) = \sin^2 \pi x$（太線）とその 2 次補間多項式 $L(x)$（細線）および誤差 $e(x) = L(x) - f(x)$

次にラグランジュの補間多項式のもっとも簡単な計算法を示しておく．この計算法は大量の x について計算するときは効率的ではない．ラグランジュの補間多項式の効率的な計算法については後で述べる．

● ラグランジュ補間多項式の計算法 (1) ●

1: **for** $i := 0$ **to** n **do**
2:    read x_i, f_i;
3: **end for**
4: read x;
5: $L := 0$;
6: **for** $i := 0$ **to** n **do**
7:    $l_i := 1$;
8:    **for** $j := 0$ **to** n **do**
9:      **if** $j \neq i$ **then**
10:         $l_i := l_i * (x - x_j)/(x_i - x_j)$;
11:      **end if**
12:    **end for**
13:    $L := L + f_i * l_i$;
14: **end for**

例 4.2 4 次多項式 $f(x) = x^4 - 2x^3 + 2x^2 + 3x - 1$ に対する n 次の補間多項式 $L_n(x)$ を計算する．ここで，区間は $[0, 1]$ とし，標本点は等間隔に並んだ $n+1$ 点 $x_i = i/n \ (i = 0, 1, \ldots, n)$ とする．$L_n(x)$ を $n = 1, 2, 3, 4$ について，式 (4.3) に従って計算し，展開すると

$$
\begin{aligned}
L_1(x) &= 4x - 1, \\
L_2(x) &= \frac{1}{4}\left(3x^2 + 13x - 4\right), \\
L_3(x) &= \frac{1}{9}\left(7x^2 + 29x - 9\right), \\
L_4(x) &= x^4 - 2x^3 + 2x^2 + 3x - 1
\end{aligned}
\tag{4.8}
$$

となる（各自確かめよ）．上の例では $L_4(x)$ は $f(x)$ と完全に一致している．その理由は簡単である．$L_4(x)$ は 5 点 $x = i/4 \, (i = 0, \ldots, 4)$ において 4 次多項式 $f(x)$ と値の一致する 4 次多項式である．上で示したように，そのような 4 次多項式は 1 つしか存在しないのである．また $n = 5, 6, \ldots$ と次数を上げていっても $L_n(x) = f(x)$ となる．その理由を考える前に補間多項式の誤差について考えよう．

まず結果から与えると，補間の誤差 $e(x) = L(x) - f(x)$ は $f(x)$ が $n+1$ 階連続微分可能ならば

$$e(x) = -\frac{f^{(n+1)}(\xi(x))}{(n+1)!}\varphi(x) \tag{4.9}$$

によって与えられる．ここで $\varphi(x)$ は式 (4.5) で与えられる関数で，$\xi(x)$ は区間 $[a, b]$ 内に存在し，x に依存する未知な値である．以下，この評価式 (4.9) を導く．

まず

$$g(x) = L(x) - f(x) - c\,\varphi(x) \tag{4.10}$$

という関数を導入する．この関数 $g(x)$ は $n+1$ 点 $x_0, \ldots, x_n$ で 0 になる．さらに，c の値を適当に定めると，それ以外のある点 x^* で $g(x) = 0$ とすることができる．なぜならば，x^* で 0 にしたければ $c = (L(x^*) - f(x^*))/\varphi(x^*)$ とすればよいからである．そうすると，$g(x)$ の値は $x^*, x_0, \ldots, x_n$ という $n+2$ 点で 0 になる．したがって，**ロルの定理**（付録 A.1 参照）を繰り返し適用すると，$g'(x)$ は $n+1$ 点で，$g''(x)$ は n 点で，$\cdots$，$g^{(n+1)}(x)$ は 1 点で 0 になることがわかる．

この $g^{(n+1)}(x) = 0$ となる点を ξ で表すと

$$0 = g^{(n+1)}(\xi) = L^{(n+1)}(\xi) - f^{(n+1)}(\xi) - c\,\varphi^{(n+1)}(\xi)$$

である．ここで，$L(x)$ は n 次の多項式であるから，すべての x について

$$L^{(n+1)}(x) = 0$$

であり，$\varphi(x)$ は最高次の係数が 1 である $n+1$ 次の多項式であるから，すべての x について

$$\varphi^{(n+1)}(x) = (n+1)!$$

となる．したがって，定数 c は

$$c = -\frac{f^{(n+1)}(\xi)}{(n+1)!}$$

となる．以上より

$$L(x^*) - f(x^*) = -\frac{f^{(n+1)}(\xi)}{(n+1)!}\,\varphi(x^*)$$

が得られる．x^* は任意の点であり ξ は x^* 依存する点であるから，一般の点 x では式 (4.9) のようになる．

式 (4.9) より次のようなことがいえる：

- 標本点数 $n+1$，および標本点 $x_0, x_1, \ldots, x_n$ が同じとき，$|f^{(n+1)}(x)|$ の値が小さければ小さいほど全体的に誤差は小さくなる．
- $f(x)$ が n 次またはそれ以下の次数の多項式ならば，すべての x について $f^{(n+1)}(x) = 0$ となるので，すべての x について $L(x) = f(x)$ となる．
- 標本点の近くでは誤差が小さくなり，標本点と標本点の中間で大きくなる．これは図 4.1 からもよくわかる．

ここで標本点を区間 $[a, b]$ に等間隔にとった場合，すなわち，

$$x_i = a + ih, \qquad h = \frac{b-a}{n}$$

とおいた場合について多項式補間の誤差評価を行う．

例 4.3 $n = 1$ の場合，$h = b - a$ となり，式 (4.9) より

$$\max_{a \leq x \leq b} |e(x)| \leq \frac{M_2}{2!} \max_{a \leq x \leq b} |(x-a)(x-b)| = \frac{M_2}{8} h^2, \tag{4.11}$$
$$M_2 = \max_{a \leq x \leq b} |f^{(2)}(x)|$$

となる．次に $n = 2$ の場合，$x_0 = a$, $x_1 = x_0 + h$, $x_2 = x_0 + 2h$, $h = (b-a)/2$ とおくと，式 (4.9) より

$$\max_{a \leq x \leq b} |e(x)| \leq \frac{M_3}{3!} \max_{a \leq x \leq b} |(x-x_0)(x-x_1)(x-x_2)| = \frac{M_3}{9\sqrt{3}} h^3, \tag{4.12}$$
$$M_3 = \max_{a \leq x \leq b} |f^{(3)}(x)|$$

となる．一般的には，少し大まかな評価であるが，

$$\begin{aligned}
\max_{a \leq x \leq b} |e(x)| &\leq \frac{M_{n+1}}{(n+1)!} \max_{a \leq x \leq b} \left| \prod_{i=0}^{n} (x - x_i) \right| \\
&\leq \frac{M_{n+1}}{(n+1)!} \max_{a \leq x \leq b} \prod_{i=0}^{n} |x - x_i| \\
&\leq \frac{M_{n+1}}{(n+1)!} (b-a)^{n+1},
\end{aligned} \tag{4.13}$$

$$M_{n+1} = \max_{a \leq x \leq b} |f^{(n+1)}(x)|$$

となる．

式 (4.13) の評価から，区間 $[a,b]$ で $|f^{(n+1)}(x)|$ が n とともに際限なく大きくならなければ，n を大きくしていったとき，分母に $(n+1)!$ があるので補間の誤差が限りなく小さくなっていくと期待される．だが，その期待が裏切られる例もある．それを示そう．

例 4.4 区間 $[0,1]$ において標本点を $x_i = i/n\, (i=0,1,\ldots,n)$ とし，関数

$$f(x) = x \sin\left(2\pi/(1.2-x)\right)$$

の補間多項式を $n = 5, 10, 20, 30$ について計算し図 4.2 に示す．

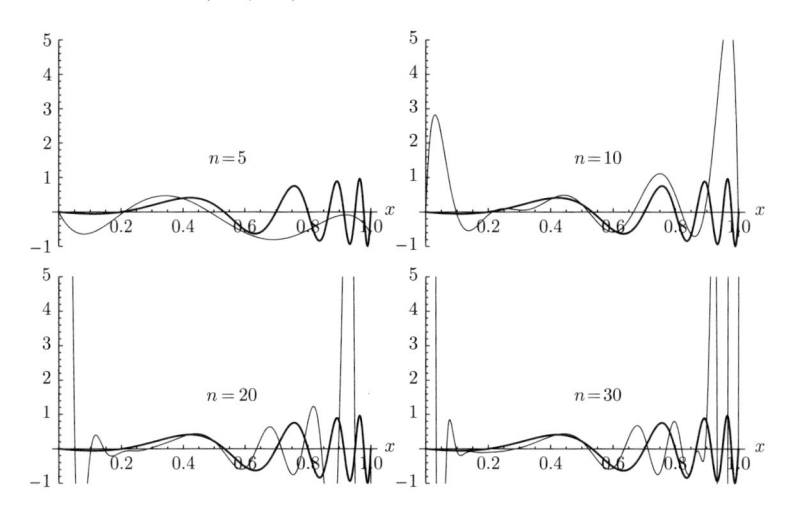

図 4.2　$f(x) = x \sin\left(2\pi/(1.2-x)\right)$（太線）とその n 次補間多項式 $L(x)$（細線）

図からわかるように，中心の滑らかな部分では比較的良好な近似になっているが，両端では振動が激しくなって全く使いものにならなくなっている．特にこの傾向は，次数（標本点数）n が大きくなるほど顕著に現れている．

例 4.5 関数 e^x を区間 $[0,1]$ で近似する補間多項式 $L(x)$ を作る．このとき，この区間内の $n+1$ 点 $i/n\, (i=0,\ldots,n)$ を標本点として選び，誤差を

$$\max_{0 \leq x \leq 1} |\mathrm{e}^x - L(x)| < 10^{-3}$$

表 4.1 n と誤差評価式 (4.16)

n	$\dfrac{\mathrm{e}}{2^{n+1}(n+1)!}$
1	3.39785×10^{-1}
2	5.66309×10^{-2}
3	7.07886×10^{-3}
4	7.07886×10^{-4}
5	5.89905×10^{-5}
6	4.21361×10^{-6}
7	2.63350×10^{-7}
8	1.46306×10^{-8}

とするには n をいくつにすればよいかを考察する.

評価式 (4.13) は少々過大評価なので,別な方法を用いることにする.ここで

$$\max_{0\leq x\leq 1}\left|\left(x-\frac{i}{n}\right)\left(x-\frac{n-i}{n}\right)\right|\leq \frac{1}{4}, \qquad i=0,\ldots,n \tag{4.14}$$

を用いると

$$\left|\prod_{i=0}^{n}\left(x-\frac{i}{n}\right)\right|\leq \left(\frac{1}{2}\right)^{n+1} \tag{4.15}$$

を得る(演習問題).またこの区間では $1\leq \mathrm{e}^x \leq \mathrm{e}$ であるから

$$\max_{0\leq x\leq 1}|\mathrm{e}^x - L(x)|\leq \frac{\mathrm{e}}{2^{n+1}(n+1)!} \tag{4.16}$$

という誤差評価式が得られる.この評価は式 (4.13) の評価に比べると $(1/2)^{n+1}$ 倍小さくなっている.ここで,式 (4.16) 右辺を計算したものを表 4.1 に示す.この表より $n=4$ とすれば目標の精度を達成できることがわかる.実際に $n=4$ として誤差を計算したものを図 4.3 に示す.図 4.3 から十分に目標の精度は達成されていることがわかる.

4.2 チェビシェフ補間

これまでは標本点 x_i を等間隔に選んできたが,必ずしも等間隔に選ぶ必要がないし,また等間隔に選ぶと例 4.4 のような異常現象が起こることがある.そこで不等間隔に配置された標本点による多項式補間について考察する.以下では区間を $[-1,1]$ とする.

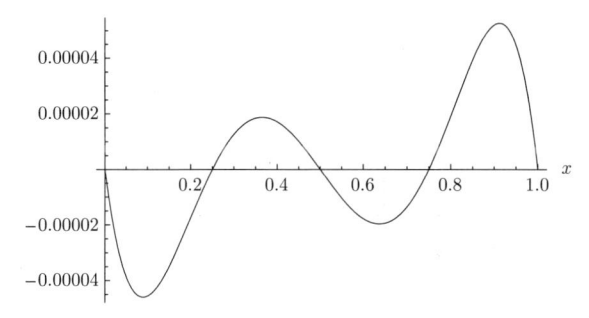

図 **4.3** $n=4$ における e^x の多項式補間の誤差

式 (4.9) より，この区間における多項式補間の誤差の最大値は

$$|e(x)| \leq \frac{M_{n+1} \max_{-1 \leq x \leq 1} |\varphi(x)|}{(n+1)!} \tag{4.17}$$

となる．ここで前と同様，$M_{n+1} = \max_{-1 \leq x \leq 1} |f^{(n+1)}(x)|$ とおいた．この M_{n+1} は標本点を変えても変わらない．そこで，$\max_{-1 \leq x \leq 1} |\varphi(x)|$ を最小にするような $x_i \in [-1, 1]$ を選び，補間の誤差を改善することを試みる．

式 $\max_{-1 \leq x \leq 1} |\varphi(x)|$ を最小にするような標本点 x_i は，**チェビシェフ点** (Chebyshev point) と呼ばれ，具体的には $n+1$ 次チェビシェフ (Chebyshev) **多項式** $T_{n+1}(x)$ の零点

$$x_i = -\cos\left(\frac{2i+1}{2(n+1)}\pi\right), \quad i = 0, 1, \ldots, n \tag{4.18}$$

によって与えられる [28]．図 4.4 に 10 次のチェビシェフ多項式の零点を示しておく．この図より標本点は端のほうで密になっていることがわかる．チェビシェフ点を標本点とした用いた多項式補間を**チェビシェフ補間** (Chebyshev interpolation) と呼んでいる．

標本点 x_i をチェビシェフ点とすると

$$\max_{-1 \leq x \leq 1} |\varphi(x)| = \frac{1}{2^n} \max_{-1 \leq x \leq 1} |T_{n+1}(x)| = \frac{1}{2^n}$$

となる．したがって，このとき誤差の最大値は

$$|e(x)| \leq \frac{M_{n+1}}{2^n (n+1)!} \tag{4.19}$$

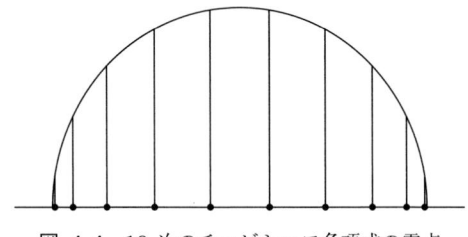

図 4.4 10 次のチェビシェフ多項式の零点

となる．一般の区間 $[a, b]$ では
$$x_i = \frac{a+b}{2} - \frac{b-a}{2}\cos\left(\frac{2i+1}{2(n+1)}\pi\right), \quad i = 0, 1, \ldots, n$$
となり，誤差の最大値は
$$|e(x)| \leq \frac{M_{n+1}(b-a)^{n+1}}{2^{2n+1}(n+1)!} \tag{4.20}$$
となる．この評価を式 (4.13) と比べてみるとかなり改善されていることがわかる．

ここで，標本点 x_i をチェビシェフ点 (4.18) に選んだ場合と，等間隔に選んだ場合について，それぞれ
$$\varphi(x) = \prod_{i=0}^{n}(x - x_i)$$
を計算しその形を図示する．

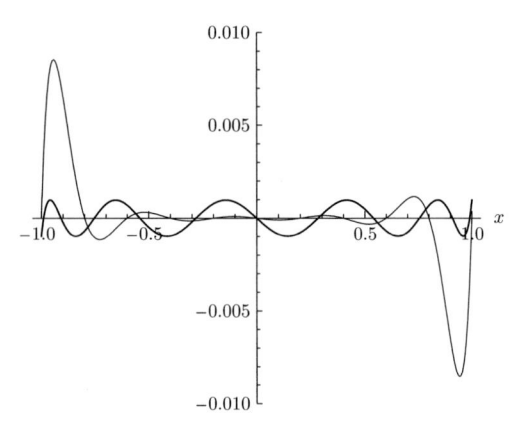

図 4.5 $\varphi(x)$ の比較（$n = 10$ の場合）（チェビシェフ点（太線）と等間隔点（細線））

図 4.5 から，チェビシェフ点を標本点とした場合，$|\varphi(x)|$ が区間内で一様に小さくなっていることがわかる．したがってチェビシェフ補間のほうがより精度

が高くなることが期待される．実際，チェビシェフ補間は，その区間内の誤差の最大値を最小にするミニ・マックス近似 (minimax approximation) に近い近似になっている．

例 4.6 例 4.4 と同様に，区間 $[0, 1]$ において $f(x) = x \sin(2\pi/(1.2 - x))$ をチェビシェフ点を標本点とし補間し，その誤差を等間隔標本点の場合と比較する（図 4.6）．

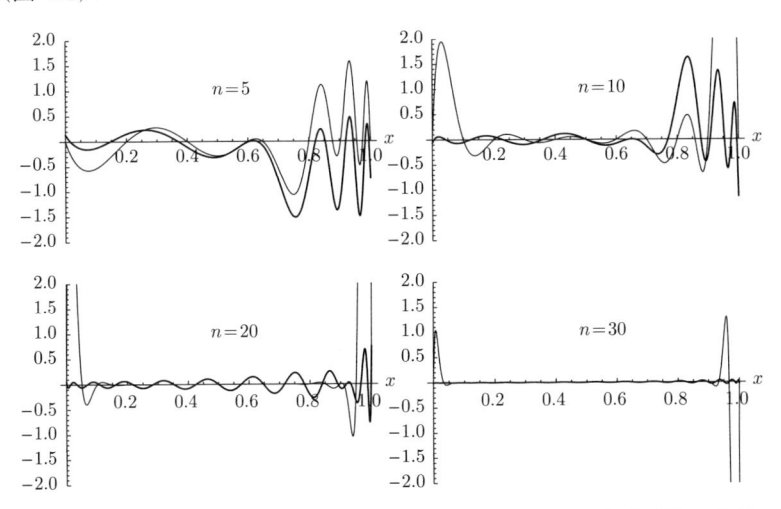

図 4.6 チェビシェフ補間の誤差（太線）と等間隔補間の誤差（細線）の比較 ($f(x) = x \sin(2\pi/(1.2 - x))$ の場合)

この図より，チェビシェフ補間では n を大きくしても不要な振動が現れず，着実に収束していることがわかる．

例 4.7 例 4.5 と同様に e^x の区間 $[0, 1]$ における補間を考える．ここでは，チェビシェフ点を標本点とし，やはり最大誤差を 10^{-3} 以下にする．そのためには，評価式 (4.20) の右辺において，$M_{n+1} = 1, b = 1, a = 0$ を代入した値

$$\frac{e}{2^{2n+1}(n+1)!}$$

が 10^{-3} 以下になる n を求めればよい．この値を計算し表 4.2 に示す．この表より今度は $n = 3$ で十分なことがわかる．また，$n = 3$ の場合に実際に補間多項式を作成し，その誤差を図 4.7 に示す．

表 4.2 n と誤差評価式 (4.20)

n	$\frac{e}{2^{2n+1}(n+1)!}$
1	1.69893×10^{-1}
2	1.41577×10^{-2}
3	8.84857×10^{-4}
4	4.42429×10^{-5}
5	1.84345×10^{-6}
6	6.58376×10^{-8}
7	2.05743×10^{-9}
8	5.71507×10^{-11}

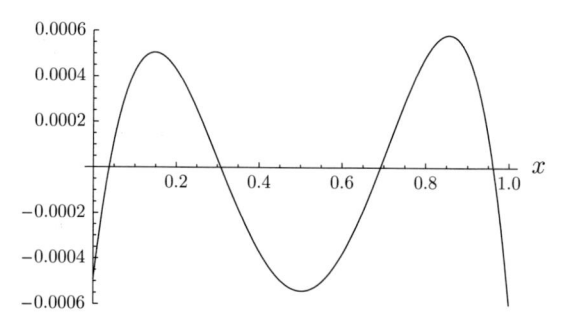

図 4.7 $n=3$ における e^x のチェビシェフ補間の誤差

ここでチェビシェフ多項式について少し説明する．n 次のチェビシェフ多項式とは，区間 $[-1, 1]$ 内の x に対して，$x = \cos\theta$（あるいは $\theta = \cos^{-1} x$）とおくと

$$T_n(x) = \cos n\theta \tag{4.21}$$

を満たす多項式である．これは，漸化式

$$T_{k+1}(x) = 2\, x\, T_k(x) - T_{k-1}(x), \quad k = 1, 2, \ldots, \tag{4.22}$$

$$T_0(x) = 1, \quad T_1(x) = x.$$

によって計算される（演習問題）．表 4.3 と表 4.4 に 6 次までのチェビシェフ多項式とその零点をを示しておく．チェビシェフ補間を含む補間多項式の誤差評価をより厳密に行うには，被近似関数 $f(x)$ の複素領域での挙動まで考慮しなければならないので，複素関数論の知識が必須となる．複素関数論を用いた厳密な誤

表 4.3　チェビシェフの多項式 $T_n(x)$

n	$T_n(x)$
0	1
1	x
2	$2x^2 - 1$
3	$4x^3 - 3x$
4	$8x^4 - 8x^2 + 1$
5	$16x^5 - 20x^3 + 5x$
6	$32x^6 - 48x^4 + 18x^2 - 1$

表 4.4　チェビシェフの多項式 $T_n(x)$ の零点

n			
1	0		
2	$\pm\frac{1}{\sqrt{2}}$		
3	0	$\pm\frac{\sqrt{3}}{2}$	
4	$\pm\frac{1}{2}\sqrt{2-\sqrt{2}}$	$\pm\frac{1}{2}\sqrt{2+\sqrt{2}}$	
5	0	$\pm\sqrt{\frac{5-\sqrt{5}}{8}}$	$\pm\sqrt{\frac{5+\sqrt{5}}{8}}$
6	$\pm\frac{\sqrt{2-\sqrt{3}}}{2}$	$\pm\frac{1}{\sqrt{2}}$	$\pm\frac{\sqrt{2+\sqrt{3}}}{2}$

差解析および収束性の解析は，本書の程度を越えているので，専門書（例えば [28] など）に譲ることにする．

4.3　ラグランジュ補間のプログラミング

補間多項式を用いて滑らかなグラフを書きたいのであれば，多くの x について $L(x)$ の値を計算しなければならない．そのようなとき，前節で示した計算法によってプログラミングを行えば，x に依存しない共通部分を x が変わるごとに何度も計算することになる．このような無駄を省くため，この x に依存しない共通部分をあらかじめ計算し配列に格納しておくと，計算量を大幅に減らすことができる．ここでいう x に依存しない共通部分とは

$$d_i := \frac{f(x_i)}{\prod_{j=0,\,j\neq i}^{n}(x_i - x_j)}, \qquad i = 0, 1, \ldots, n$$

である．これを用いると $L(x)$ は

$$L(x) = \varphi(x) \sum_{i=0}^{n} \frac{d_i}{x - x_i} \tag{4.23}$$

と書き表せるので，x が変わるごとに，$\varphi(x)$ を計算し，それと前もって計算しておいた d_i から $\sum_{i=0}^{n} \frac{d_i}{x - x_i}$ を計算し，この 2 つを掛けるという手順で $L(x)$ 計算すればよい．

● ラグランジュ補間多項式の計算法 (2) ●

1: **for** $i := 0$ **to** n **do**
2:    read x_i, f_i;
3: **end for**
4: **for** $i := 0$ **to** n **do**
5:    $d_i := f_i$;
6:    **for** $j := 0$ **to** n **do**
7:       **if** $j \neq i$ **then**
8:          $d_i := d_i/(x_i - x_j)$;
9:       **end if**
10:    **end for**
11: **end for**
12: read x;
13: $\varphi := 1$;
14: **for** $i := 0$ **to** n **do**
15:    $\varphi := \varphi * (x - x_i)$;
16: **end for**
17: $L := 0$;
18: **for** $i := 0$ **to** n **do**
19:    $L := L + d_i/(x - x_i)$;
20: **end for**
21: $L = L * \varphi$;

上に示した計算法に従ってラグランジュ補間のプログラムを書く．

```
1: /*
2:    Lagrangian interpolation
3: */
4: #include <stdio.h>
5: #include <stdlib.h>
```

4.3 ラグランジュ補間のプログラミング 101

```
 6: #include <math.h>
 7: #define n1     11
 8: double Lagrange(double x,double xs[],double fs[],int n);
 9: double f(double x);
10:
11: main()
12: {
13:   double x,y,xs[n1],fs[n1],a,b,delta;
14:   int i,ns,np;
15:
16:   /* ns: number of the samples,
17:      np: number of the points to be plotted
18:   */
19:
20:   ns=n1-1; np=1000;
21:
22:   a=0; b=1; delta=(b-a)/(double ) np;
23:
24:   /* get the sample points */
25:   for (i=0; i<=ns; i++) {
26:     xs[i]=a+(double )i*(b-a)/(double ) ns;
27:     fs[i]=f(xs[i]);
28:   }
29:
30:   for (i=0; i<=np; i++) {
31:     x=a+(double) i*delta;
32:     y=Lagrange(x,xs,fs,ns);
33:     printf("%lf   %lf \n",x,y);
34:   }
35: }
36:
37: double Lagrange(double x,double xs[],double fs[],int ns)
38: {
39:   static double *d;
40:   static int un_computed=1;
41:   double L,phi;
42:   int i,j;
43:
44:   for (i=0; i<=ns; i++)
45:     if (x == xs[i]) return(fs[i]);
46:
47:   if (un_computed) {
48:     d=(double *) malloc((ns+1)*sizeof(double));
49:     for (i=0; i<=ns; i++) {
50:       d[i]=fs[i];
51:       for (j=0; j<=ns; j++)
52:         if ( j != i ) d[i]/=xs[i]-xs[j];
53:     }
```

```
54:      un_computed=0;
55:    }
56:
57:    phi=1;
58:    for (j=0; j<=ns; j++)
59:      phi*=x-xs[j];
60:
61:    L=0;
62:    for (i=0; i<=ns; i++)
63:      L+=d[i]/(x-xs[i]);
64:    L*=phi;
65:
66:    return (L);
67: }
68:
69: double f(double x)
70: {
71:    return (x*sin(2.0*M_PI/(1.2-x)));
72: }
```

4.4 ニュートンの補間公式

これまでは補間多項式をラグランジュの計算法 (4.3) によって計算してきた．しかしラグランジュの計算法には，補間の次数 n を変えるとすべての $l_i(x)$ を初めから計算し直さなければならないという欠点がある (i が同じでも n が異なれば $l_i(x)$ は別なものになる)．このような欠点を克服する計算法にニュートンの補間公式 (Newton's interpolation formula) がある．これは手計算の時代に開発された計算法であるが，理論上，興味ある性質をもっているので紹介する．

いま，k 個の標本点 $x_0, x_1, \ldots, x_{k-1}$ より構成された $(k-1)$ 次補間多項式を $p_{k-1}(x)$ と表し，1 点 x_k を追加して得られる k 次の補間多項式を $p_k(x)$ で表す．このとき，

$$p_k(x) = p_{k-1}(x) + 補正項$$

という形をしていれば，既にある $p_{k-1}(x)$ に補正項を追加するだけなので大変効率が良い．ここで補正項を求めよう．

既存の k 個の標本点 x_i ($i = 0, \ldots, k-1$) では $p_k(x)$ と $p_{k-1}(x)$ は関数値 $f(x_i)$ と一致していなくてはならない．また，$p_k(x) - p_{k-1}(x)$ は k 次多項式であるから

$$\text{補正項} = p_k(x) - p_{k-1}(x) = A_k(x - x_0)(x - x_1) \cdots (x - x_{k-1})$$

という形をしているはずである．これより，ニュートンの補間公式は

$$\begin{aligned} p_k(x) &= A_0 + A_1(x - x_0) + \cdots + A_k(x - x_0)(x - x_1) \cdots (x - x_{k-1}) \\ &= \sum_{i=0}^{k} A_i \prod_{j=0}^{i-1} (x - x_j) \end{aligned} \quad (4.24)$$

という形をした補間多項式であることがわかる．ただしここで $\prod_{j=0}^{-1}(x - x_j) = 1$ と約束する．

　補正項の係数 A_k は補間の条件より容易に求まる．まず $p_k(x_0) = f(x_0)$ という条件より $A_0 = f(x_0)$ が求まり，同様に $x_1, x_2, x_3, \ldots$ における補間の条件より

$$\begin{aligned} A_1 &= \frac{f(x_1) - A_0}{x_1 - x_0}, \\ A_2 &= \frac{f(x_2) - A_0 - A_1(x_2 - x_0)}{(x_2 - x_0)(x_2 - x_1)}, \\ A_3 &= \frac{f(x_3) - A_0 - A_1(x_3 - x_0) - A_2(x_3 - x_0)(x_3 - x_1)}{(x_3 - x_0)(x_3 - x_1)(x_3 - x_2)}, \\ &\cdots \cdots \end{aligned} \quad (4.25)$$

のように次々と求まっていく．ここで A_k の一般形を求めておく．A_k は式 (4.24) を見ればわかる通り，$p_k(x)$ における x^k の係数になっている．これは，補間多項式の一意性より，ラグランジュ補間の x^k の係数と一致しているはずであるから

$$A_k = \sum_{i=0}^{k} \left(\prod_{j=0,\, j \neq i}^{k} \frac{1}{x_i - x_j} \right) f(x_i), \qquad k = 1, 2, \ldots \quad (4.26)$$

となる．A_k を

$$A_k = f[x_k, x_{k-1}, \ldots, x_0]$$

と表すことが多い．

　次に A_k の計算法を説明する．ここで $f(x_i) = f[x_i]$ で表すと，式 (4.25) および (4.26) より

$$\begin{cases} A_0 = f[x_0] \\ A_1 = f[x_1, x_0] & = \dfrac{f[x_1] - f[x_0]}{x_1 - x_0} \\ A_2 = f[x_2, x_1, x_0] & = \dfrac{f[x_2, x_1] - f[x_1, x_0]}{x_2 - x_0} \\ A_3 = f[x_3, x_2, x_1, x_0] & = \dfrac{f[x_3, x_2, x_1] - f[x_2, x_1, x_0]}{x_3 - x_0} \\ \cdots & \cdots \\ A_k = f[x_k, x_{k-1}, \ldots, x_0] & = \dfrac{f[x_k, x_{k-1}, \ldots, x_1] - f[x_{k-1}, \ldots, x_1, x_0]}{x_k - x_0} \end{cases}$$
(4.27)

を満たしていることがわかる (演習問題). 上式の形から $f[x_k, x_{k-1}, \ldots, x_0]$ は**差分商** (divided difference) と呼ばれている. 差分商の計算は $d_{i,j} = f[x_i, \ldots, x_{i-j}]$ ($j = 0, 1, \ldots, i$) とおいて

$$\begin{aligned} d_{i,0} &= f[x_i], \\ d_{i,j} &= (d_{i,j-1} - d_{i-1,j-1})/(x_i - x_{i-j}), \qquad j = 1, \ldots, i \end{aligned}$$
(4.28)

という計算法によって計算される.

ここで差分商に関する重要な公式を示しておく:

$$f[x_n, x_{n-1}, \ldots, x_0] = \frac{f^{(n)}(\xi)}{n!}, \quad \xi \text{ は区間 } [\min_i x_i, \max_i x_i] \text{ 内のある数}$$

$$\lim_{x_n, x_{n-1}, \ldots, x_1 \to x_0} f[x_n, x_{n-1}, \ldots, x_0] = \frac{f^{(n)}(x_0)}{n!}$$

例 4.8 次のような数表をもとにニュートンの補間多項式を作る.

x	0	0.5	1.0	2.0
$f(x)$	1.00	2.75	5.00	11.0

まず差分商を計算すると表 4.5 のようになる. これより補間多項式を計算すると

$$\begin{aligned} p(x) &= 1.00 + 3.50\,(x - 0) + 1.00\,(x - 0)(x - 0.5) \\ &\quad + 0\,(x - 0)(x - 0.5)(x - 1.0) \\ &= 1 + 3\,x + x^2 \end{aligned}$$

を得る．この補間多項式 $p(x)$ は補間の条件を満たしていることがわかる．

表 4.5 差分表

i	x_i	$d_{i,0}$	$d_{i,1}$	$d_{i,2}$	$d_{i,3}$
0	0	1.00			
1	0.5	2.75	$\frac{2.75-1.0}{0.5-0}=3.50$		
2	1.0	5.00	$\frac{5.00-2.75}{1.0-0.5}=4.50$	$\frac{4.50-3.50}{1.00-0}=1.00$	
3	2.0	11.0	$\frac{11.0-5.00}{2.0-1.0}=6.00$	$\frac{6.00-4.50}{2.0-0.5}=1.00$	$\frac{1.00-1.00}{2.0-0}=0.00$

最後に差分商の計算とそれを用いた補間多項式の計算法を示しておく．

● **差分商の計算とニュートン補間公式の計算** ●

1: **for** $i := 0$ **to** n **do**
2:   $d_{i,0} := f(x_i)$;
3: **end for**
4: **for** $i := 1$ **to** n **do**
5:   **for** $j := 1$ **to** i **do**
6:     $d_{i,j} := (d_{i,j-1} - d_{i-1,j-1})/(x_i - x_{i-j})$;
7:   **end for**
8: **end for**
9: $p := d_{0,0}$;
10: **for** $i := 1$ **to** n **do**
11:   $h := d_{i,i}$;
12:   **for** $j := 1$ **to** i **do**
13:     $h := h * (x - x_{j-1})$;
14:   **end for**
15:   $p := p + h$;
16: **end for**

```
 1: /*
 2:      Newton's interpolation formula
 3: */
 4: #include <stdio.h>
 5: #include <stdlib.h>
```

```
 6: #define n       3
 7: #define n1      4
 8:
 9: main ()
10: {
11:    double *d[n1],x[n1],f[n1],xx,p,h,t;
12:    int i,j,k;
13:
14:    for (i=0; i<=n; i++) {
15:      d[i]=(double *) malloc((i+1)*sizeof(double));
16:    }
17:    x[0]=0;    x[1]=0.5;   x[2]=1.0;  x[3]=2.0;
18:    f[0]=1.0;  f[1]=2.75;  f[2]=5.0;  f[3]=11.0;
19:
20:    for (i=0; i<=n; i++) {
21:      d[i][0]=f[i];
22:    }
23:    for (i=1; i<=n; i++) {
24:      for (j=1; j<=i; j++) {
25:        d[i][j]=(d[i][j-1]-d[i-1][j-1])/(x[i]-x[i-j]);
26:      }
27:    }
28:
29:    for (i=0; i<=n; i++)
30:      printf (" %12.4e  %12.4e \n",x[i],f[i]);
31:
32:    xx=3;
33:    printf("\n");
34:    p=d[0][0];
35:    for (i=1; i<=n; i++) {
36:      h=d[i][i];
37:      for (j=1; j<=i; j++)
38:        h*=(xx-x[j-1]);
39:      p+=h;
40:    }
41:    for (i=0; i<=n; i++) {
42:      for (j=0; j<=i; j++) {
43:        printf(" %12.4e ",d[i][j]);
44:      }
45:      printf(" \n");
46:    }
47:
48:    printf(" %d \n",n);
49:    printf(" %lf %lf \n", xx,p);
50: }
```

4.5 エルミート補間

互いに異なる $n+1$ 点 x_i $(i=0,1,\ldots,n)$ において，関数値だけでなく，その導関数値までも一致させるような補間を**エルミート補間** (Hermite interpolation) と呼んでいる．より一般的に表現すると，関数 $f(x)$ に対して

$$H^{(\mu_i)}(x_i) = f^{(\mu_i)}(x_i), \qquad \mu_i = 0, 1, \ldots, m_i - 1, \qquad i = 0, 1, \ldots, n \quad (4.29)$$

を満たすような多項式 $H(x)$ を求める補間である．ここですべての i について $m_i > 0$ とする．式 (4.29) において，すべての i について $m_i = 1$ とするのが，前節で学んだ多項式補間であり，$n = 0$ とし $m_0 > 1$ とするのがテイラー近似である．

ここでは，エルミート補間の中で最も基本的な場合，すなわち，すべての i について $m_i = 2$ とする場合のみを考える．このとき，条件 (4.29) は

$$H(x_i) = f(x_i), \qquad H'(x_i) = f'(x_i), \qquad i = 0, 1, \ldots, n \quad (4.30)$$

となる．この条件を満たす多項式 $H(x)$ は以下のようになる：

エルミート補間

$$H(x) = \sum_{i=0}^{n} h_i(x) f(x_i) + \sum_{i=0}^{n} \bar{h}_i(x) f'(x_i) \quad (4.31)$$

$$\begin{cases} h_i(x) = \left(1 - 2(x - x_i) l'_i(x_i)\right) l_i^2(x), \\ \bar{h}_i(x) = (x - x_i) l_i^2(x), \qquad i = 0, 1, \ldots, n \end{cases} \quad (4.32)$$

この $h_i(x)$ および $\bar{h}_i(x)$ は

$$\begin{aligned} h_i(x_j) &= \delta_{ij}, & \bar{h}_i(x_j) &= 0, \\ h'_i(x_j) &= 0, & \bar{h}'_i(x_j) &= \delta_{ij} \end{aligned} \quad (4.33)$$

という性質をもっているので（δ_{ij} は式 (4.7) で定義されるクロネッカデルタ関数である），$H(x)$ が補間の条件 (4.30) を満たしていることが直ちにわかる．

次に，$2n+1$ 次補間多項式 $H(x)$ は，各 x_i が互いに異なっていれば一意に決まることを示そう．いま $H(x)$ の他に補間の条件 (4.30) を満たす別な $2n+1$

次多項式があったとし，それを $J(x)$ とする．またこの両者の差を $R(x)$ で表すと，補間の条件 (4.30) より

$$R(x_i) = H(x_i) - J(x_i) = 0, \qquad i = 0, 1, \ldots, n \tag{4.34}$$

となる．したがって，ロルの定理より $R'(x) = H'(x) - J'(x)$ は各 x_i の間の n 点で少なくとも 1 回は 0 になる．一方，$R'(x) = H'(x) - J'(x)$ は補間の条件より $n+1$ 点 $x_i (i = 0, 1, \ldots, n)$ でも 0 となるので，合計で少なくとも $2n+1$ 点で 0 となる．しかし，$R'(x)$ は高々 $2n$ 次の多項式であるから，$R'(x)$ が恒等的に 0 であるとき以外は $2n+1$ 点で 0 になることはあり得ない．そこで $R'(x)$ が恒等的に 0 であるとする．そうすると，$R(x) = H(x) - J(x)$ が定数であるということになり，その定数が 0 以外ならば補間の条件 (4.30) に反することになる．よって，補間の条件を満たす多項式は式 (4.31) で与えられるもの以外にはあり得ないことになる．

ちなみに，補間の誤差を $e(x)$ で表すと，$f(x)$ が $2n+2$ 階連続微分可能なとき

$$e(x) = H(x) - f(x) = -\frac{\varphi^2(x)}{(2n+2)!} f^{(2n+2)}(\xi(x)) \tag{4.35}$$

で与えられる [28]．ここで $\varphi(x)$ は式 (4.5) で与えられる関数である．また，$\xi(x)$ は区間 $[a, b]$ 内の数で，この場合も x に依存する未知の値である．これより，$f(x)$ が $2n+1$ 次多項式であれば，すべての x について $f^{(2n+2)}(x) = 0$ となるので，すべての x について $e(x) = 0$ となる．

例 4.9 $n = 2$ とし，区間 $[0, 1]$ 内に標本点 $x_0 = 0, x_1 = 0.5, x_2 = 1$ を選んで，関数

$$f(x) = 1 + \frac{1}{\sin^2 x + 0.1}$$

のエルミート補間を求める．まず $l_i(x)$ を求めると

$$l_0(x) = (2x-1)(x-1), \qquad l_1(x) = -4x(x-1), \qquad l_2(x) = x(2x-1)$$

となり，これから $h_i(x), \bar{h}_i(x)$ を求めると

$$h_0(x) = (x-1)^2(2x-1)^2(6x+1), \qquad \bar{h}_0(x) = x(x-1)^2(2x-1)^2,$$
$$h_1(x) = 16x^2(x-1)^2, \qquad \qquad \bar{h}_1(x) = 8(2x-1)x^2(x-1)^2,$$

$$h_2(x) = x^2 (2x-1)^2 (-6x+7), \qquad \bar{h}_2(x) = x^2 (2x-1)^2 (x-1)$$

を得る．これらを用いて $H(x)$ を構成し，それを微分し $H'(x)$ を求め，それぞれ $f(x)$, $f'(x)$ と比較する（図 4.8）．

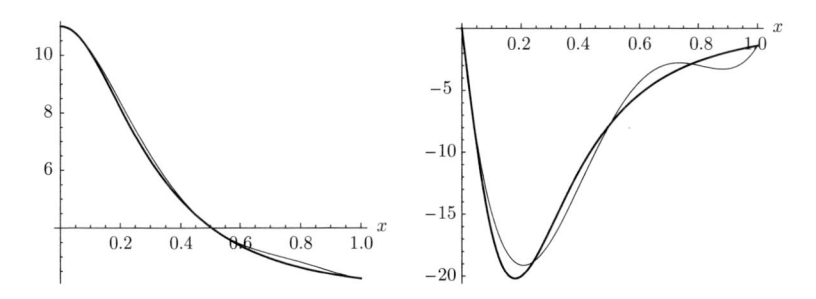

図 4.8 $f(x)$ と $H(x)$ の比較（左図）と $f'(x)$ と $H'(x)$ の比較（右図）（太線が $f(x)$ と $f'(x)$, 細線が $H(x)$ と $H'(x)$）

ここでエルミート補間多項式 (4.31) を導出する．式 (4.31) の形を仮定し，$h_i(x), \bar{h}_i(x)$ を求めてみよう．式 (4.33) より $h_i(x)$ は $x = x_j \, (j \neq i)$ に重根をもつことがわかる．したがって，$h_i(x)$ が $2n+1$ 次多項式であることを考慮すると，$l_i(x)$ を用いて

$$h_i(x) = l_i^2(x) (ax+b)$$

という形で表せる．これを微分して $x = x_i$ を代入すると，$h_i'(x_i) = 0$ より

$$\begin{aligned} h_i'(x_i) &= 2\, l_i(x_i)\, l_i'(x_j)\, (a x_i + b) + a\, l_i^2(x_i) \\ &= 2\, l_i'(x_j)\, (a x_i + b) + a \\ &= 0 \end{aligned}$$

を得る．また $h_i(x_i) = 1$ より

$$a x_i + b = 1$$

となる．この 2 つを連立させて a, b を求めれば

$$h_i(x) = \Big(1 - 2(x - x_i)\, l_i'(x_i)\Big)\, l_i^2(x)$$

が得られる．

同様に $\bar{h}_i(x)$ は，式 (4.33) より $x = x_j\,(j \neq i)$ に重根，$x = x_i$ に単根をもつことがわかる．したがって，やはり $l_i(x)$ を用いて

$$\bar{h}_i(x) = K\,l_i^2(x)\,(x - x_i)$$

という形で表される．ただし K は定数である．これを x で微分し $x = x_i$ を代入すると

$$\bar{h}_i'(x) = K\,l_i^2(x_i) = K$$

であるから $K = 1$ を得る．

例 4.10　例 4.9 と同じ関数に対して 5 次のテイラー近似を求める．ここで展開の中心は $x_0 = 0, 0.5, 1.0$ とする．

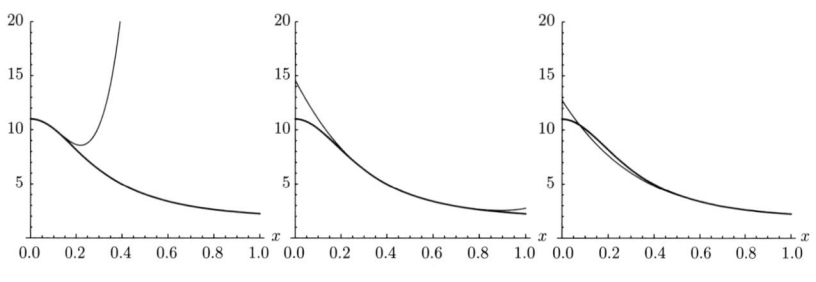

図 4.9　$f(x)$（太線）とそのテイラー近似 $T(x)$（細線）（左から $x_0 = 0, 0.5, 1.0$）

4.6　演習問題

1. 式 (4.3) で与えられる多項式 $L(x)$ は条件 (4.1) を満たしていることを示せ．

2. 標本点 x_i が互いに異なっているとき，式 (4.4) で与えられる $l_i(x)$ は

$$\sum_{i=0}^{n} l_i(x)\,x_i^j = x^j, \qquad 0 \leq j \leq n$$

を満たすことを示せ．

3. 式 (4.5) を導け．

4. 式 (4.11), (4.12) を導け.

5. 標本点 x_i が原点を中心に対称に並んでいるとする. すなわち,
$$x_i = -x_{n-i}, \qquad i = 0, 1, \ldots, n$$
とする. これらの標本点で関数 $f(x)$ と値の一致する n 次補間多項式 $L(x)$ は, $f(x)$ が奇関数ならば奇関数になり, 偶関数ならば偶関数になることを証明せよ.

6. $n+1$ 次のチェビシェフ点を計算する C 言語の関数を作り, チェビシェフ補間のプログラムを完成させよ.

7. 式 (4.18) で与えられる x_i に対して $T_{n+1}(x_i) = 0$ となることを示せ.

8. 漸化式 (4.22) を証明せよ.

9. 式 (4.27) を示せ.

10. 式 (4.33) を確かめよ.

✎ 第 4 章のまとめ ✎

- 相異なる $n+1$ 点で関数 $f(x)$ と値の一致する n 次多項式は唯一存在する.
- 標本点を後から追加する場合は, ラグランジュ補間公式よりニュートンの補間公式のほうが使いやすい.
- 補間多項式は標本点が等間隔であると, 区間の端で振動を起こすことがある.
- 標本点をチェビシェフ点に選ぶと, 振動のない滑らかな補間が可能である.
- 導関数の値まで一致させるにはエルミート補間を用いる.
- テイラー展開はエルミート補間の特別な場合である.

第5章
関数を積分する

関数 $f(x)$ の定積分

$$I[f] := \int_a^b f(x)\,\mathrm{d}x \tag{5.1}$$

を数値的に求める問題を考える．I の値は，$f(x)$ の原始関数 $F(x)$ が求まれば，$F(b) - F(a)$ を効率良く評価すればよいのだから，この問題は関数近似の問題に帰着する．しかし，例えば e^{-x^2} のように，原始関数を初等関数の有限個の組み合わせで表現できない場合もある．また関数が式でなく数表で与えられている場合もあろう．このようなときには原始関数を求めることは原理的に不可能なので，何か別の方法を考えなくてはならない．もっとも多く用いられるのは，前章で学んだ $f(x)$ の補間多項式を求めそれを代わりに積分する方法である．

5.1 ニュートン・コーツ公式

定積分 (5.1) を計算する近似計算公式を $Q[f]$ で表す．$Q[f]$ は，一般には

$$Q[f] := \sum_i w_i\, f(x_i) \tag{5.2}$$

という形をしている．ここで，x_i は x–軸上に配置されたいくつかの標本点であり（通常は区間 $[a,b]$ 内からもってくる），w_i は**重み** (weight) と呼ばれている定数である．上式のような近似計算法は，積分というものがもともとは和の極限であることを考えれば，それなりの根拠をもったものである．近似公式 (5.2) において，少ない標本点数でより高い精度が得られるよう x_i と w_i を決める必要

がある．

まず考えられるのは，区間 $[a, b]$ 内に標本点を等間隔に配置し，それに基づいて $f(x)$ の補間多項式を作り，それを $f(x)$ の代わりに積分し，定積分 I の近似値とすることである．そうすると式 (4.3) より，次のような近似公式（数値積分公式）が得られる：

$$\int_a^b f(x)\,\mathrm{d}x \simeq \int_a^b L(x)\,\mathrm{d}x = \sum_{i=0}^n w_i\, f(x_i) \tag{5.3}$$

ここで，重み w_i，標本点 x_i は

$$\begin{cases} w_i = \displaystyle\int_a^b l_i(x)\,\mathrm{d}x, \qquad l_i(x) = \displaystyle\prod_{\substack{j \neq i \\ j=0}}^n \dfrac{x - x_j}{x_i - x_j}, \\[2mm] x_i = a + ih, \qquad h = \dfrac{b-a}{n}, \end{cases} \quad i = 0, 1, \ldots, n$$

である．数値積分公式 (5.3) は **ニュートン・コーツ $(n+1)$ 点公式**と呼ばれている．2 点ニュートン・コーツ公式が**台形公式** (Trapezoidal rule) と呼ばれ，3 点ニュートン・コーツ公式が**シンプソン公式** (Simpson's rule) と呼ばれている．それらをそれぞれ T と S で表すと

---台形公式---
$$T = \frac{h}{2}\left(f(a) + f(b)\right), \qquad h = b - a \tag{5.4}$$

---シンプソン公式---
$$S = \frac{h}{3}\left(f(a) + 4f\left(\frac{a+b}{2}\right) + f(b)\right), \quad h = \frac{b-a}{2} \tag{5.5}$$

である．

ニュートン・コーツ $(n+1)$ 点公式の重み w_i は

$$w_i = h\int_0^n \prod_{\substack{j \neq i \\ j=0}}^n \frac{s-j}{i-j}\,\mathrm{d}s = (-1)^{n-i}\frac{h}{n!}\binom{n}{i}\int_0^n \prod_{\substack{j \neq i \\ j=0}}^n (s-j)\,\mathrm{d}s, \ \ i = 0, 1, \ldots, n \tag{5.6}$$

表 5.1 ニュートン・コーツ公式の重み係数 $\bar{w}_i$

n	0	1	2	3	4	5	6	7	8
1	$\frac{1}{2}$	$\frac{1}{2}$							
2	$\frac{1}{3}$	$\frac{4}{3}$	$\frac{1}{3}$						
3	$\frac{3}{8}$	$\frac{9}{8}$	$\frac{9}{8}$	$\frac{3}{8}$					
4	$\frac{14}{45}$	$\frac{64}{45}$	$\frac{24}{45}$	$\frac{64}{45}$	$\frac{14}{45}$				
5	$\frac{95}{288}$	$\frac{125}{288}$	$\frac{125}{288}$	$\frac{125}{288}$	$\frac{125}{288}$	$\frac{95}{288}$			
6	$\frac{41}{140}$	$\frac{216}{140}$	$\frac{27}{140}$	$\frac{272}{140}$	$\frac{27}{140}$	$\frac{216}{140}$	$\frac{41}{140}$		
7	$\frac{5257}{17280}$	$\frac{25039}{17280}$	$\frac{9261}{17280}$	$\frac{20923}{17280}$	$\frac{20923}{17280}$	$\frac{9261}{17280}$	$\frac{25039}{17280}$	$\frac{5257}{17280}$	
8	$\frac{3956}{14175}$	$\frac{23552}{14175}$	$-\frac{3712}{14175}$	$\frac{41984}{14175}$	$-\frac{3632}{2835}$	$\frac{41984}{14175}$	$-\frac{3712}{14175}$	$\frac{23552}{14175}$	$\frac{3956}{14175}$

で与えられる（演習問題）．ここで $\binom{n}{i}$ は二項係数である．実際に計算するときは，区間 $[a, b]$ に依存しない値 $\bar{w}_i = w_i/h$ を用いて

$$N_{n+1}[f] := h \sum_{i=0}^{n} \bar{w}_i f(a + ih), \qquad h = \frac{b-a}{n} \tag{5.7}$$

という形で計算する．表 5.1 にニュートン・コーツ公式の重み係数 $\bar{w}_i$ を $n = 1, \ldots, 8$ について示しておく．この表よりすべての n について $\bar{w}_i = \bar{w}_{n-i}$ となっていることがわかる（演習問題）．

例 5.1 ニュートン・コーツ $(n+1)$ 点公式 (5.7) を用いて積分

$$I = \int_0^1 e^x \, dx = 1.718281828\cdots$$

の計算を行う．$n = 1, 2, 3, 4$ について，計算した結果を下に示すと

$$N_2[e] = 1 \left(\frac{1}{2} e^0 + \frac{1}{2} e^1 \right) = 1.859140914\cdots$$

$$N_3[e] = \frac{1}{2} \left(\frac{1}{3} e^0 + \frac{4}{3} e^{1/2} + \frac{1}{3} e^1 \right) = 1.718861152\cdots$$

$$N_4[e] = \frac{1}{3} \left(\frac{3}{8} e^0 + \frac{9}{8} e^{1/3} + \frac{9}{8} e^{2/3} + \frac{3}{8} e^1 \right) = 1.718540153\cdots$$

$$N_5[e] = \frac{1}{4} \left(\frac{14}{45} e^0 + \frac{64}{45} e^{1/4} + \frac{24}{45} e^{1/2} + \frac{64}{45} e^{3/4} + \frac{14}{45} e^1 \right) = 1.718282689\cdots$$

となり，徐々に真値に近づいていくのが実感できる．

ニュートン・コーツ $(n+1)$ 点公式は，$f(x)$ の代わりに n 次補間多項式そのものを積分したものであるから，$f(x)$ が n 次以下の多項式ならば，どんなものでも $N_{n+1}[f] = I[f]$ となっているはずである．逆に，あらゆる n 次以下の多項式に対して

$$\int_a^b f(x)\,\mathrm{d}x = h\sum_{i=0}^n \bar{w}_i\, f(x_i), \qquad h = \frac{b-a}{n}$$

となるように重み係数 $\bar{w}_i$ を決めれば，ニュートン・コーツ $(n+1)$ 点公式と全く同じ公式ができるはずである．ここで注意することは，積分と数値積分公式 (5.2) の線形性より，f, g という異なる 2 つの関数に関して，$I[f] = Q[f]$ かつ $I[g] = Q[g]$ が成り立っていれば，あらゆる定数 α, β に対して

$$I[\alpha f + \beta g] = Q[\alpha f + \beta g]$$

がいえるということである．したがって，n 次以下のあらゆる多項式に対して $I[f] = Q[f]$ を確認するという（不可能な）ことを行う必要はなく，$1, x, \ldots, x^n$ に対してのみ確認すればよい．また，変数変換によって有限区間のあらゆる定積分は，区間 $[0, 1]$ の定積分に還元されるので，計算を簡単化するためには，$a = 0, b = 1$ とするのがよい．

例 5.2 上で述べた方法によってシンプソン公式を導出する．$a = 0, b = 1, n = 2$ とすれば，$h = 1/2, x_0 = 0, x_1 = 1/2, x_2 = 1$ となる．関数 $f(x) = 1, x, x^2$ に対して，数値積分公式

$$Q[f] = w_0\, f(x_0) + w_1\, f(x_1) + w_2\, f(x_2)$$

が積分の真値と一致するように重み係数 $\bar{w}_i = w_i/h$ を決めると，$\bar{w}_i$ に関する連立 1 次方程式

$$\int_0^1 1\,\mathrm{d}x = 1 = h\,(\bar{w}_0 + \bar{w}_1 + \bar{w}_2)$$
$$\int_0^1 x\,\mathrm{d}x = \frac{1}{2} = h\left(\frac{1}{2}\bar{w}_1 + \bar{w}_2\right)$$
$$\int_0^1 x^2\,\mathrm{d}x = \frac{1}{3} = h\left(\frac{1}{4}\bar{w}_1 + \bar{w}_2\right)$$

が得られる．これより直ちに

$$\bar{w}_0 = \frac{1}{3}, \qquad \bar{w}_1 = \frac{4}{3}, \qquad \bar{w}_2 = \frac{1}{3}$$

となり，シンプソン公式が導出される．

ここで，ニュートン・コーツ $(n+1)$ 点公式の誤差について考える．まず $n=1$ の場合，すなわち台形公式の誤差を考える．台形公式は被積分関数を 1 次補間したものを積分したものであるから，その誤差は補間の誤差公式 (4.9) より，被積分関数が 2 階連続微分可能であるとすれば

$$\begin{aligned} E_T &:= \int_a^b \left(\frac{x-x_1}{x_0-x_1} f(x_0) + \frac{x-x_0}{x_1-x_0} f(x_1) - f(x) \right) dx \\ &= -\frac{1}{2} \int_a^b f^{(2)}(\xi(x)) (x-x_0)(x-x_1) dx \end{aligned} \quad (5.8)$$

となる．ここで，関数 $(x-x_0)(x-x_1)$ は積分区間で一定の符号をもっているので，積分の平均値の定理より，区間 $[a,b]$ 内にある値 η が存在し

$$E_T = -\frac{1}{2} f^{(2)}(\eta) \int_a^b (x-x_0)(x-x_1) dx = \frac{(b-a)^3}{12} f^{(2)}(\eta) \quad (5.9)$$

となる．この式より，$f^{(2)}(x)$ が恒等的に 0 である関数（直線）に対しては誤差が 0 になるということと，区間幅 $(b-a)$ が小さければ小さいほど誤差が小さくなる，という当然の結果が得られる．

次に $n=2$ の場合，すなわちシンプソン公式の誤差について考える．シンプソン公式は，$f(x)$ の代わりにその 2 次補間多項式を積分することによって得られた公式であるから，$f(x)$ が 2 次以下の多項式ならば正確な公式になる．しかし実は $f(x)$ が 3 次多項式のときも正確な公式になるのである．以下この理由を説明する．

まず，$f(x) = p x^3 + q x^2 + r x + s \, (p \neq 0)$ という 3 次の多項式を

$$f(x) = p(x-c)^3 + g(x), \qquad c = \frac{a+b}{2}$$

と表すと，$\int_a^b p(x-c)^3 dx = 0$ となるので，$I[f] = I[g]$ である．一方，シンプソン公式の値を $S[f]$ とすると

$$\begin{aligned} S[f] &= S[p(x-c)^3] + S[g] \\ &= \frac{ph}{3}((a-c)^3 + 4(c-c)^3 + (b-c)^3) + S[g] \\ &= S[g] \end{aligned}$$

となる．ここで，$g(x) = f(x) - p(x-c)^3$ は 2 次多項式になるので $S[g] = I[g]$ となる．よってシンプソン公式は 3 次多項式に対しても正確なものになることがわかる．シンプソン公式の誤差は

$$S[f] - I[f] = \frac{(b-a)^5}{2880} f^{(4)}(\eta)$$

で与えられる．ここで，η は区間 $[a, b]$ 内に存在する未知な値である．

一般に n が偶数のとき，ニュートン・コーツ $(n+1)$ 点公式は $n+1$ 次多項式に対しても正確になる．以下このことを説明する．いま $f(x)$ が $n+1$ 次多項式であるとする．$f(x)$ の x^{n+1} の係数を $p(\neq 0)$ で表せば，前と同様に

$$f(x) = p(x-c)^{n+1} + n \text{ 次多項式}$$

となる．このとき，$n+1$ は奇数なので $p(x-c)^{n+1}$ は $x = c$ を中心とする奇関数になり，$\int_a^b p(x-c)^{n+1} dx = 0$ となる．一方，ニュートン・コーツ公式の係数の対称性，すなわち $w_i = w_{n-i}$ より $N_{n+1}[p(x-c)^{n+1}] = 0$ となる．よってシンプソン公式の場合と同じ理由で $I[f] = N_{n+1}[f]$ となる．

以上をまとめると，ニュートン・コーツ $(n+1)$ 点公式は

- n が奇数のときは n 次以下の多項式を，
- n が偶数のときは $n+1$ 次以下の多項式を

正確に積分する．

例 5.3 定積分

$$I = \int_0^1 (2x^3 - x^2 + 4x + 1)\, dx = \frac{19}{6}$$

をシンプソン公式で近似すると

$$\begin{aligned} S &= \frac{1/2}{3} \left(1 + 4 \left(\frac{2}{8} - \frac{1}{4} + \frac{4}{2} + 1 \right) + 6 \right) \\ &= \frac{19}{6} \end{aligned}$$

となり，値が一致する．

5.2 複合公式

表 5.1 にニュートン・コーツ公式の重み係数を $1 \leq n \leq 8$ の範囲で示した．この表より，$1 \leq n \leq 7$ に対しては重み係数はすべて正の値であるが，$n = 8$ では正負の値が入り混じっていることがわかる．n を大きくするとこの傾向はより顕著になり，激しく振動し始める（図 5.1 参照）．この激しい振動が精度に与える影響について考えてみる．

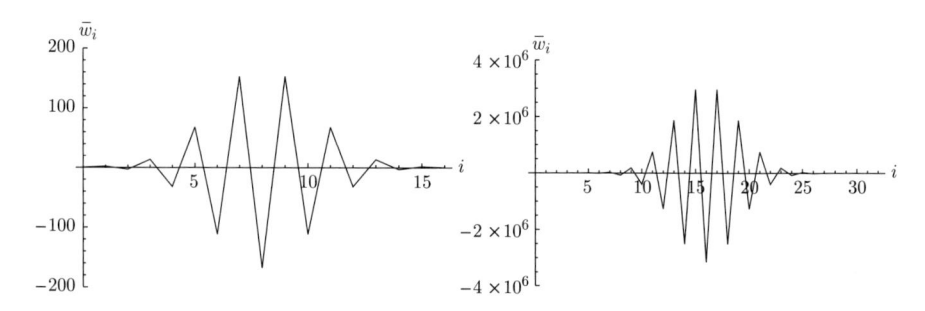

図 5.1 ニュートン・コーツ公式の重み係数 $\bar{w}_i$（式 (5.6) 参照）の変化（$n = 16$（左）と $n = 32$（右））

いま関数 $f(x)$ は比較的変動の小さい関数で，積分区間内でほぼ一定の値で $f(x_i) \simeq f$ と仮定する．このとき，数値積分公式

$$Q = \sum_{i=0}^{n} w_i f(x_i)$$

を実際に計算すると，$w_i f(x_i)$ の計算で最大マシン・エプシロン ε_M 程度の相対誤差をもつはずであるから，実際の計算値 $\tilde{Q}$ は

$$\tilde{Q} = \sum_{i=0}^{n} w_i f(x_i)(1 + \varepsilon_i), \qquad |\varepsilon_i| \leq \varepsilon_M$$

となり，相対誤差は，最大

$$\left| \frac{\tilde{Q} - Q}{Q} \right| = \frac{|\sum_{i}^{n} w_i f(x_i)\varepsilon_i|}{|\sum_{i=0}^{n} w_i f(x_i)|} \simeq \frac{|f| |\sum_{i=0}^{n} w_i \varepsilon_i|}{|f| |\sum_{i=0}^{n} w_i|} \leq \frac{\sum_{i=0}^{n} |w_i|}{|\sum_{i=0}^{n} w_i|} \varepsilon_M$$

程度に拡大されるはずである．この拡大係数（条件数）を $c(n)$ で表し，すなわち

$$c(n) := \frac{\sum_{i=0}^{n} |w_i|}{|\sum_{i=0}^{n} w_i|} \tag{5.10}$$

図 5.2 ニュートン・コーツ $(n+1)$ 点公式の条件数

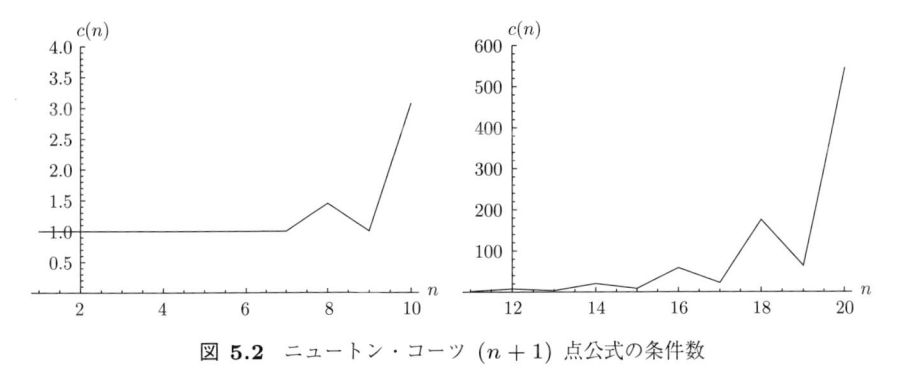

とし，この n に対する変化を $n=1 \sim 20$ の範囲で図 5.2 に示す．

この図より，ニュートン・コーツ公式では精度を上げるために n を大きくすることがあまり得策でないことがわかる．そこで n を大きくするのではなく，積分区間を小区間に分け，各小区間において比較的 n の値の小さいニュートン・コーツ公式を適用し，各区間における値をすべてを足し合わせるということがよく行われる．このようにして得られる数値積分公式を**複合公式** (composite rule) と呼んでいる．

複合公式をまず台形公式について説明する．積分区間 $[a,b]$ を N 等分し，各小区間に台形公式を適用し足し合わせると

$$T_C[f] := \frac{h}{2}(f(x_0)+f(x_N)) + h\sum_{i=1}^{N-1} f(x_i), \qquad h = \frac{b-a}{N} \tag{5.11}$$

となる．一般にニュートン・コーツ $(n+1)$ 点公式の場合は，積分区間を N 等分し，各小区間に $(n+1)$ 点公式を適用し

$$Q = h\sum_{i=0}^{N-1}\sum_{j=0}^{n} \bar{w}_j f(a_i + jh), \quad h = \frac{b-a}{nN}, \quad a_i = a+iH, \quad H = \frac{b-a}{N} \tag{5.12}$$

という計算を行う．この場合，i 番目の小区間の右端と $i+1$ 番目の小区間の左端が一致するので，同じ点での関数値を二度計算しないように工夫をする．下にニュートン・コーツ 5 点公式の場合を示す．

● ニュートン・コーツ 5 点公式の複合公式 ●

1: $m := 4 * N$;
2: $h := (b - a)/m$;
3: $s := (14/45) * h * (f(a) + f(b))$;
4: **for** $i := 1$ **to** $m - 1$ **do**
5:    **if** $i \mod 4 = 0$ **then**
6:       $w := 28/45$;
7:    **else if** $(i \mod 4 = 1)$ or $(i \mod 4 = 3)$ **then**
8:       $w := 64/45$;
9:    **else if** $i \mod 4 = 2$ **then**
10:      $w := 24/45$;
11:    **end if**
12:    $s := s + w * h * f(a + i * h)$;
13: **end for**

```
 1: /*
 2:       Newton-Cotes 5-point formula
 3: */
 4: #include <stdio.h>
 5: #include <math.h>
 6: double nc5(int m, double a, double b, double f(double));
 7: double f(double x);
 8:
 9: int main(void)
10: {
11:    int N=8,m;
12:    double a=0.0, b=1.0, Q;
13:
14:    m=N*4;
15:    Q=nc5(m,a,b,f);
16:    printf(" Integration by the composite NC");
17:    printf(" 5-point formula:\n");
18:    printf(" %22.15e\n",Q);
19: }
20:
21: double f(double x)
22: {
23:    return exp(x);
24: }
25:
26: double nc5(int m, double a, double b, double f(double))
```

```
27: {
28:   int i;
29:   double w,x,h=(b-a)/(double) m,s;
30:
31:   s=14.0*(f(a)+f(b));
32:
33:   for (i=1; i<m; i++) {
34:     switch (i%4) {
35:     case 0: w=28.0; break;
36:     case 1: w=64.0; break;
37:     case 2: w=24.0; break;
38:     case 3: w=64.0;
39:     }
40:     x=a+( double ) i*h;
41:     s += w*f(x);
42:   }
43:   return s*h/45.0;
44: }
```

例 5.4 例 5.1 で扱った定積分を，台形公式，シンプソン公式，それにニュートン・コーツ 5 点公式の複合公式で計算する．この場合，区間 [0, 1] をそれぞれ 32, 16, 8 等分し，各区間での値を足し合わせる．そうすると，関数の評価回数はどの公式でも 33 となる．これらの結果を，関数評価回数が等しいニュートン・コーツ 33 点公式と比較した結果を表 5.2 に示す．ニュートン・コーツ 33 点公式の重み係数は，式 (5.6) を用いて多倍長演算で正確に計算したものを倍精度に丸めた値を用いた．

表 5.2 各公式による積分 $\int_0^1 e^x \, dx$ の計算結果

公式	近似積分値	誤差
複合台形公式	1.718421660316327	1.398e−04
複合シンプソン公式	1.718281837561771	9.103e−09
複合 5 点公式	1.718281828462430	3.385e−12
33 点公式	1.718281828480125	2.108e−11

表 5.2 より，ニュートン・コーツ 33 点公式の誤差は 2.108×10^{-11} となっているが，補間の誤差公式から見積もると，$e/33! \approx 3.31 \times 10^{-37}$ よりは小さくなるはずである．それにもかかわらず，このように大きな誤差をもつようになったのは，いうまでもなく桁落ちのためである．このことからも，高次のニュートン・コーツ公式より，低次公式の複合公式のほうが有利であることがわかる．

ここで複合公式の誤差について考える．一般に，ニュートン・コーツ $(n+1)$ 点公式の誤差は単区間では

$$\text{誤差} = \begin{cases} K h^{n+2} f^{(n+1)}(\xi), & n = \text{奇数} \\ K h^{n+3} f^{(n+2)}(\xi), & n = \text{偶数} \end{cases}$$

という形をしている．ここで $K \neq 0$ は区間および関数 f に依存しない定数である．したがって複合公式の誤差は，上式で与えられる各区間における誤差が足されて

$$K h^p \sum_{i=0}^{m-1} f^{(p-1)}(\xi_i) = K h^{p-1} (b-a) \frac{1}{m} \sum_{i=0}^{m-1} f^{(p-1)}(\xi_i)$$

となる．ここで $f^{(p-1)}(x)$ が連続であると仮定すると，$f^{(p-1)}(x)$ の値が $f^{(p-1)}(\xi_i)$ の平均値 $m^{-1} \sum_{i=0}^{m-1} f^{(p-1)}(\xi_i)$ と等しくなる点が区間 $[a,b]$ に必ず存在するはずである．それをここでは η とすれば，上式の値は $K(b-a) f(\eta) h^{p-1}$ という形で表される．したがって，ニュートン・コーツ $(n+1)$ 点複合公式の誤差は

$$\text{複合公式の誤差} = \begin{cases} \mathrm{O}\left(h^{n+1}\right), & n = \text{奇数} \\ \mathrm{O}\left(h^{n+2}\right), & n = \text{偶数} \end{cases} \tag{5.13}$$

となる．

5.3 ガウス型数値積分公式

ニュートン・コーツ公式は，積分区間内に標本点 x_i を等間隔に配置し，得られた補間多項式を代わりに積分する公式であった．これに対して，ここでは標本点が等間隔であるという制約を取り払い，x_i と $w_i \, (i = 0, 1, \ldots, n)$ のすべてを未知数とし，それらを $2n+2$ 元連立非線形方程式

$$\sum_{i=0}^n w_i x_i^{p-1} = \int_a^b x^{p-1} \mathrm{d}x = \frac{b^p - a^p}{p}, \qquad p = 1, \ldots, 2n+2 \tag{5.14}$$

から求めるようにする．このようにして得られた数値積分公式は，**ガウス・ルジャンドル型公式** (Gauss–Legendre quadrature rule) と呼ばれ，$n+1$ 点での関数評価によって，最大 $2n+1$ 次多項式まで正確に積分する公式である．ニュート

ン・コーツ公式では，$n+1$ 点での関数評価で高々 $n+1$ 次多項式までしか正確に積分できなかったことを考えると，これは大きな進歩である．

例 5.5 ここで $n=1$ の場合のガウス・ルジャンドル型公式を導いてみよう．式 (5.14) に相当する式は

$$\begin{cases} w_0 + w_1 = b - a \\ w_0 x_0 + w_1 x_1 = \dfrac{b^2 - a^2}{2} \\ w_0 x_0^2 + w_1 x_1^2 = \dfrac{b^3 - a^3}{3} \\ w_0 x_0^3 + w_1 x_1^3 = \dfrac{b^4 - a^4}{4} \end{cases} \quad (5.15)$$

である．ここで $a=-1, b=1$ として上の連立方程式を解くと

$$w_0 = w_1 = 1, \quad x_0 = -\frac{1}{\sqrt{3}}, \quad x_1 = \frac{1}{\sqrt{3}}$$

を得る（演習問題）．このようにして得られた公式を用いて3次多項式の定積分

$$\int_{-1}^{1} f(x)\,\mathrm{d}x = \int_{-1}^{1} (p\,x^3 + q\,x^2 + r\,x + s)\,\mathrm{d}x = \frac{2q}{3} + 2s$$

を近似すると

$$(p\,x^3 + q\,x^2 + r\,x + s)\big|_{x=-1/\sqrt{3}} + (p\,x^3 + q\,x^2 + r\,x + s)\big|_{x=1/\sqrt{3}} = \frac{2q}{3} + 2s$$

となり，正確な積分値と一致することがわかる．

例 5.6 上で得られた公式（G_2 とする）を用いて

$$I = \int_{-1}^{1} \mathrm{e}^x\,\mathrm{d}x = 2.35040238728760291377\cdots$$

を計算すると

$$G_2 = \mathrm{e}^{-1/\sqrt{3}} + \mathrm{e}^{1/\sqrt{3}} = 2.342696087909731\cdots$$

となる．一方，台形公式（T とする）では

$$T = \frac{2}{2}(\mathrm{e}^{-1} + \mathrm{e}^1) = 3.086161269630487\cdots$$

となる．誤差はそれぞれ -7.706e-03 と 7.358e-01 であり，精度の差は歴然としている．ガウス・ルジャンドル型公式 G_2 が，台形公式と同じ 2 点での関数評価なのになぜ精度が高いかは，直感的には図 5.3 から説明できる．

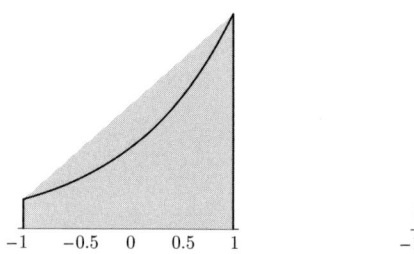

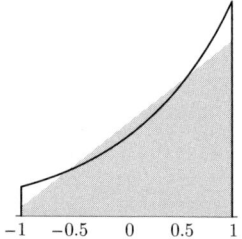

図 5.3 台形公式 T が与える面積（左）とガウス型公式 G_2 が与える面積（右）

いま 2 点ガウス・ルジャンドル型公式を導いたが，より高次のガウス・ルジャンドル型公式を導出するには，$2n+2$ 元連立非線形方程式 (5.14) を解かなければならない．これはかなり大変な作業になるはずである．この作業が前章で学んだエルミート補間を用いるとかなり楽になる．以下それを説明する．

エルミートの補間多項式 (4.31) を再度示すと

$$H(x) = \sum_{i=0}^{n} h_i(x) f(x_i) + \sum_{i=0}^{n} \bar{h}_i(x) f'(x_i) \tag{5.16}$$

である．ここで，

$$\begin{cases} h_i(x) = \left(1 - 2(x - x_i) l'_i(x_i)\right) l_i^2(x), \\ \bar{h}_i(x) = (x - x_i) l_i^2(x), \quad i = 0, 1, \ldots, n, \end{cases} \tag{5.17}$$

である．補間多項式 $H(x)$ を区間 $[a, b]$ で積分すると

$$\begin{aligned}\int_a^b H(x)\,dx &= \sum_{i=0}^{n} f(x_i) \int_a^b h_i(x)\,dx + \sum_{i=0}^{n} f'(x_i) \int_a^b \bar{h}_i(x)\,dx \\ &= \sum_{i=0}^{n} f(x_i) \int_a^b h_i(x)\,dx + \sum_{i=0}^{n} K_i f'(x_i) \int_a^b \varphi(x) l_i(x)\,dx\end{aligned} \tag{5.18}$$

となる．ここで前と同様

$$\varphi(x) = \prod_{i=0}^{n}(x - x_i)$$

であり，K_i は

$$K_i = \prod_{j \neq i, j=0}^{n} \frac{1}{x_i - x_j}, \qquad i = 0, \ldots, n$$

という定数である．式 (5.18) を見ればわかるように，$n+1$ 次多項式 $\varphi(x)$ が区間 $[a, b]$ 上の直交多項式ならば，あらゆる n 次以下の多項式 $p(x)$ に対して

$$\int_a^b \varphi(x) p(x) \, \mathrm{d}x = 0$$

となる．区間 $[a, b]$ 上の直交多項式の零点は，すべて $[a, b]$ 内に存在することが知られているので，その零点を標本点 x_i とするエルミート補間多項式を積分すれば，式 (5.18) の第 2 項は消えて

$$\int_a^b f(x) \, \mathrm{d}x \simeq \int_a^b H(x) \, \mathrm{d}x = \sum_{i=0}^{n} w_i f(x_i), \qquad (5.19)$$

$$w_i = \int_a^b h_i(x) \, \mathrm{d}x, \qquad i = 0, 1, \ldots, n$$

という数値積分公式が得られる．$f(x)$ が $2n+1$ 次多項式ならば，$f(x) = H(x)$ となるので，この公式による値は真の値 $I = \int_a^b f(x) \mathrm{d}x$ と一致する．

次にガウス・ルジャンドル公式の重み係数の計算法について説明する．式 (5.17) より

$$\begin{aligned} w_i &= \int_a^b h_i(x) \, \mathrm{d}x \\ &= \int_a^b \left(l_i^2(x) - 2 K_i l_i'(x_i) l_i(x) \varphi(x) \right) \mathrm{d}x \\ &= \int_a^b l_i^2(x) \, \mathrm{d}x \end{aligned} \qquad (5.20)$$

となる．ここで $\varphi(x)$ と $l_i(x)$ の直交性を用いた．上式から w_i はすべて正の値になることがわかる．ところが，w_i はさらに簡単になる．ここで $l_i^2(x) - l_i(x) = P(x)$ と表せば，$P(x)$ は $2n$ 次の多項式になり，$l_i(x_j) = \delta_{ij}$ なので，$x = x_0, \ldots, x_n$ で 0 となる．よって $P(x) = \varphi(x) R(x)$ という形で表せるはずである．ここで $R(x)$ は $n-1$ 次の多項式になるので，直交性より

$$w_i = \int_a^b l_i^2(x) \, \mathrm{d}x = \int_a^b \left(l_i(x) + \varphi(x) R(x) \right) \mathrm{d}x = \int_a^b l_i(x) \, \mathrm{d}x$$

表 5.3 m 次ルジャンドル多項式 $L_m(x)$

m	$L_m(x)$
0	1
1	x
2	$\frac{1}{2}(3x^2 - 1)$
3	$\frac{1}{2}(5x^3 - 3x)$
4	$\frac{1}{8}(35x^4 - 30x^2 + 3)$
5	$\frac{1}{8}(63x^5 - 70x^3 + 15x)$
6	$\frac{1}{16}(231x^6 - 315x^4 + 105x^2 - 5)$
7	$\frac{1}{16}(429x^7 - 693x^5 + 315x^3 - 35x)$
8	$\frac{1}{128}(6435x^8 - 12012x^6 + 6930x^4 - 1260x^2 + 35)$
9	$\frac{1}{128}(12155x^9 - 25740x^7 + 18018x^5 - 4620x^3 + 315x)$
10	$\frac{1}{256}(46189x^{10} - 109395x^8 + 90090x^6 - 30030x^4 + 3465x^2 - 63)$

となる．要するに，標本点の選び方は異なるが，ニュートン・コーツ公式と同じ計算法から重み係数 w_i が求められるのである．

以後 $a = -1, b = 1$ の場合のみを考えるが，一般の区間 $[a, b]$ 上の直交多項式の零点は，区間 $[-1, 1]$ 上の直交多項式である**ルジャンドル多項式** (Legendre polynomial) の零点 x_i より

$$y_i = \frac{a+b}{2} + \frac{b-a}{2} x_i$$

として求められる．したがって，積分 $I = \int_a^b f(y)\,dy$ およびその近似積分公式は

$$I = \int_a^b f(y)\,dy = \frac{b-a}{2} \int_{-1}^1 f\left(\frac{a+b}{2} + \frac{b-a}{2} x\right) dx$$
$$\simeq \frac{b-a}{2} \sum_{i=0}^{m-1} w_i f\left(\frac{a+b}{2} + \frac{b-a}{2} x_i\right)$$

である．ここで m 次ルジャンドル多項式 $L_m(x)$ を表 5.3 に示しておく．

例 5.7 表 5.3 よりガウス・ルジャンドル 3 点公式を求めてみる．$L_3(x)$ の零点は $x_0 = -\sqrt{3/5}, x_1 = 0, x_2 = \sqrt{3/5}$ となる．したがって

$$l_0(x) = \frac{5}{6} x \left(x - \sqrt{3/5}\right), \quad l_1(x) = -\frac{5}{3}(x^2 - 3/5), \quad l_2(x) = \frac{5}{6} x \left(x + \sqrt{3/5}\right)$$

となる．これらを -1 から 1 まで積分して

$$w_0 = \frac{5}{9}, \quad w_1 = \frac{8}{9}, \quad w_2 = \frac{5}{9}$$

が得られる．

ガウス・ルジャンドル公式の重み係数および標本点の座標の値は，その都度計算するのではなく，あらかじめ計算しておいたものをファイルに格納しておき，それを利用するようにする．

表 5.4 積分 $\int_{-1}^{1} e^x dx$ におけるガウス・ルジャンドル m 点公式とニュートン・コーツ m 点公式の比較

m	ガウス・ルジャンドル公式（誤差）	ニュートン・コーツ公式（誤差）
2	2.342696087909731e+00 (-7.706e-03)	3.086161269630487e+00 (7.358e-01)
3	2.350336928680012e+00 (-6.546e-05)	2.362053756543496e+00 (1.165e-02)
4	2.350402092156377e+00 (-2.951e-07)	2.355648119152531e+00 (5.246e-03)
5	2.350402386462826e+00 (-8.248e-10)	2.350470904992668e+00 (6.861e-05)
6	2.350402387286035e+00 (-1.568e-12)	2.350441129132447e+00 (3.883e-05)
7	2.350402387287601e+00 (-1.776e-15)	2.350402723503944e+00 (4.279e-07)

5.4 ロンバーグ積分法

積分 I に対するきざみ幅 h の台形公式（複合公式）を $T(h)$ で表すと，式 (5.13) より

$$T(h) - I = \mathrm{O}(h^2)$$

となることがわかる．これをより精密に表した誤差公式はがある．$f(x)$ が区間 $[a, b]$ において $2m+1$ 階連続微分可能なとき

$$T(h) = I + \sum_{i}^{m} \frac{B_{2i} h^{2i}}{(2i)!} \left(f^{(2i-1)}(b) - f^{(2i-1)}(a) \right) + \mathrm{O}(h^{2m+1}) \quad (5.21)$$

となる．ここで B_{2i} はベルヌイ数と呼ばれる定数である．この公式は**オイラー・マクローリンの公式** (Euler–Maclaurin formula) と呼ばれている [14]．ここで h^i の係数を c_i で表すと各 c_i は h に無関係な定数になる．これより，$(4T(h/2) - T(h))/3$ という量を計算すると

$$T^{(1)}(h/2) := \frac{4T(h/2) - T(h)}{3} = I - \frac{c_4}{4} h^4 + \cdots \quad (5.22)$$

となっているから，誤差の次数が 2 だけ上がり，上式左辺は $T(h)$ より高精度の近似になっていることが期待される．同様に

$$T^{(1)}(h/4) := \frac{4\,T(h/4) - T(h/2)}{3} = I - \frac{c_4}{64}h^4 + \cdots \tag{5.23}$$

を計算し，$T^{(1)}(h/2)$ と $T^{(1)}(h/4)$ から

$$T^{(2)}(h/4) := \frac{16\,T^{(1)}(h/4) - T^{(1)}(h/2)}{15} = I + \frac{1}{64}c_6 h^6 + \cdots \tag{5.24}$$

を計算すると，さらに誤差の次数が 2 上がりよりいっそうの高精度が期待される．このようなことを繰り返していき，誤差の次数を次々と向上させていく数値積分法は，**ロンバーグ積分法** (Romberg integration) と呼ばれている．

一般に，ロンバーグ積分法の計算は $T^{(0)}(h) = T(h)$ とおいて

$$\begin{aligned} T^{(j)}(h/2^k) &:= \frac{4^j\,T^{(j-1)}(h/2^k) - T^{(j-1)}(h/2^{k-1})}{4^j - 1} \\ &= T^{(j-1)}(h/2^k) + \frac{T^{(j-1)}(h/2^k) - T^{(j-1)}(h/2^{k-1})}{4^j - 1} \\ & k = 0, 1, 2, \ldots, \quad j = 1, \ldots, k \end{aligned} \tag{5.25}$$

という計算を繰り返し，$|T^{(k-1)}(h/2^{k-1}) - T^{(k)}(h/2^k)|$ が十分小さくなったら反復を止めるようにする．すなわち，下の表で行方向に計算していき，対角線上の最後の 2 つの値が十分小さくなったら反復を止めるようにする．また $T(h)$ から $T(h/2)$ を計算するとき

$$T(h/2) = \frac{1}{2}T(h) + \frac{h}{2}\sum_{i=1}^{n} f(a + (2i-1)h/2), \qquad h = \frac{b-a}{n} \tag{5.26}$$

という関係を利用すれば，既に計算した点で $f(x)$ の値を繰り返し計算しないで済むので効率的である．

一般に $T^{(j)}(h/2^k)$ は

$$\begin{aligned} T^{(j)}(h/2^k) &= I + \sum_{i=j+1} \left(\prod_{l=1}^{j} \frac{2^{2(l-i)} - 1}{2^{2l} - 1} \right) 2^{2ij} c_{2i} \left(\frac{h}{2^k} \right)^{2i} \\ &= I + \mathrm{O}(h^{2j+2}) \end{aligned} \tag{5.27}$$

と表される．

表 5.5　ロンバーグ積分の計算

$k \backslash j$	0	1	2	3	$\cdots$
0	$T^{(0)}(h)$				
1	$T^{(0)}(h/2)$	$T^{(1)}(h/2)$			
2	$T^{(0)}(h/4)$	$T^{(1)}(h/4)$	$T^{(2)}(h/4)$		
3	$T^{(0)}(h/8)$	$T^{(1)}(h/8)$	$T^{(2)}(h/8)$	$T^{(3)}(h/8)$	
4	$\cdots$	$\cdots$	$\cdots$	$\cdots$	$\cdots$

例 5.8　定積分

$$I = \int_0^1 \tan^{-1} x \, \mathrm{d}x = \frac{\pi}{4} - \frac{1}{2} \log 2 = 4.3882457311747565 \cdots \times 10^{-1}$$

の値をロンバーグ積分で求める．下のプログラムでは，$T^{(j)}(h/2^k)$ は T[k][j] という配列要素に対応し，4 回加速（補外）している．

```
 1: /*
 2:    Romberg integration
 3: */
 4: #include <stdio.h>
 5: #include <stdlib.h>
 6: #include <math.h>
 7: double f(double x);
 8:
 9: main ()
10: {
11:    double a,b;
12:    double *T[5],h,r,s;
13:    int i,j,k,k_max=5,n=2;
14:
15:    a=0; b=1;
16:    h=(b-a)/(double ) n;
17:
18:    for (k=0; k<k_max; k++)
19:      T[k]=(double *) malloc((k+1)*sizeof(double));
20:
21:    T[0][0]=(h/2)*(f(a)+2*f((a+b)/2.0)+f(b));
22:
23:    for (k=1; k<k_max; k++) {
24:      s=0;
25:      for (i=1; i<=n; i++) s+=f(a+(2*i-1)*h/2.0);
26:      T[k][0]=T[k-1][0]/2.0+h*s/2.0;
27:
28:      r=4;
29:      for (j=1; j<=k; j++) {
```

```
30:       T[k][j]=T[k][j-1]+(T[k][j-1]-T[k-1][j-1])/(r-1);
31:       r*=4;
32:     }
33:     h/=2; n*=2;
34:   }
35:
36:   for (k=0; k<k_max; k++) {
37:     for (j=0; j<=k; j++)
38:       printf("%15.8e",T[k][j]);
39:     printf("\n");
40:   }
41: }
42:
43: double f(double x)
44: {
45:   return (atan(x));
46: }
```

表 5.6 ロンバーグ積分の誤差 $e_k^{(j)} = T^{(j)}(h/2^k) - I$

k	$e_k^{(0)}$	$e_k^{(1)}$	$e_k^{(2)}$	$e_k^{(3)}$	$e_k^{(4)}$
0	-1.065e-02				
1	-2.618e-03	5.980e-05			
2	-6.519e-04	3.462e-06	-2.938e-07		
3	-1.628e-04	2.130e-07	-3.601e-09	1.005e-09	
4	-4.069e-05	1.326e-08	-5.392e-11	2.384e-12	-1.546e-12

表 5.6 より，きざみ幅 $h = 1/2^5$ で計算した台形公式の誤差は -4.069×10^{-5} であったのに，加速を 4 回した結果 -1.546×10^{-12} まで減少していることがわかる．

式 (5.21) を見ればわかるように，ロンバーグ積分法は端点 a, b のどちらか一方に特異点がある場合にはうまく機能しない．次に示すのはそのような例である．

例 5.9 積分

$$I = \int_0^1 4\sqrt{1-x^2}\,\mathrm{d}x = \pi$$

は，被積分関数 $f(x)$ が $\lim_{x \to 1-} f'(x) = -\infty$ となるので，ロンバーグ積分がうまくいかないことが予想される．この積分にロンバーグ積分法を適用した結果を表 5.7 に示す．この表より，$T^{(0)}(h/2^k)$ の精度は k が大きくなってもほとん

ど改善されていないことがわかる.

表 5.7 ロンバーグ積分の誤差 $e_k^{(j)} = T^{(j)}(h/2^k) - I$

k	$e_k^{(0)}$	$e_k^{(1)}$	$e_k^{(2)}$	$e_k^{(3)}$	$e_k^{(4)}$
0	-4.095e-01				
1	-1.459e-01	-5.800e-02			
2	-5.177e-02	-2.040e-02	-1.790e-02		
3	-1.834e-02	-7.195e-03	-6.314e-03	-6.131e-03	
4	-6.490e-03	-2.540e-03	-2.230e-03	-2.165e-03	-2.150e-03

5.5 自動積分法

　積分 I の値を台形公式で計算するとき,初めに適当なきざみ幅 $h = h_0$ で計算し,次にそれを $h = h_0/2, h_0/4, \cdots$ と変化させていき,計算結果が要求精度を満たしたと思われるとき直ちに計算を止めるようにすれば,余分な計算をしないで済む.このような考え方に従って,数値積分を行う方法を**自動積分法** (automatic integration) と呼んでいる.自動積分法の考え方は,台形公式に限ったものではなくニュートン・コーツ型のすべての公式に適用できるが,ここでは台形公式を使うことを前提に説明する.

　いま,積分 I の値を誤差 ε 以下で求めたいとする.すなわち,

$$|e(h)| = |T(h) - I| < \varepsilon \tag{5.28}$$

となったら直ちに反復を停止するようにしたい.このとき問題になるのは,条件 (5.28) をどのようにして判定するかである.台形公式の誤差は,h に依存しない定数が存在し

$$e(h) \simeq T(h) - I \simeq Ch^2 \tag{5.29}$$

という形をしているから,関係式

$$|T(h) - T(h/2)| \simeq \frac{3}{4} Ch^2 \simeq 3|e(h/2)| \tag{5.30}$$

が得られる.これより

$$|T(h) - T(h/2)| < 3\varepsilon \tag{5.31}$$

ならば

$$|e(h/2)| < \varepsilon$$

となっていることが期待できる．したがって，$T(h_0), T(h_0/2), \cdots$，と計算していき，条件 (5.31) が満たされたとき，$T(h/2)$ のほうを積分 I の近似値として採用すれば，誤差の絶対値が ε 以下の近似値が得られるはずである．

　上で述べたことは，誤差の h による展開公式が成立していることが前提であるので，そのような関数を選ぶべきであるが，やはり，プログラムが暴走しないよう工夫する必要がある．

例 5.10　積分

$$I = \int_0^{\pi/2} \exp(\sin x) \sin 2x \, dx = 2$$

の値を $h_0 = \pi/4$, $\varepsilon = 10^{-4}$ として台形公式の自動積分で求める．表 5.8 に反復が停止するまでの誤差の変化を示す．この表より，$h = (1/64)h_0$ のとき停止し誤差は -9.333×10^{-5} となり，この時点で条件 (5.28) が満たされていることがわかる．

```
 1: /*
 2:    Automatic integration
 3:        by the Trapezoidal rule
 4: */
 5: #include <stdio.h>
 6: #include <math.h>
 7: double f(double x);
 8:
 9: main()
10: {
11:   double a,b,d,x,s,t_old,t_new,h,eps=1.e-4;
12:   int i,k,n,n_max=4096;
13:
14:   a=0; b=M_PI/2.;
15:   h=(b-a)/2.; n=2; k=0;
16:
17:   t_old=h*(f(a)+2.*f((a+b)/2.)+f(b))/2.;
18:   d=1.e30;
19:
20:   while (d >= 3.*eps) {
21:     if (n>n_max) {
22:       printf(" Automatic integration does not converge. \n");
23:       return;
```

```
24:        }
25:
26:        s=0;
27:        for (i=1; i<=n; i++) s+=f(a+(2*i-1)*h/2.);
28:        t_new=t_old/2.+h*s/2.;
29:
30:        d=fabs(t_new-t_old);
31:        t_old=t_new;
32:        h/=2; n*=2; k++;
33:    }
34:
35:    printf(" Automatic integration converges in");
36:    printf(" %d iterations.\n",k);
37:    printf("   I= %lf \n",t_new);
38: }
39:
40: double f(double x)
41: {
42:    return (exp(sin(x))*sin(2*x));
43: }
```

表 5.8 台形公式自動積分法における h と誤差 $e(h) = T(h) - I$ の関係

h/h_0	$e(h)$	$\log_2 |e(h)|$
1	-2.000e+00	-1.296e+00
1/2	-9.693e-02	-3.367e+00
1/4	-2.398e-02	-5.382e+00
1/8	-5.978e-03	-7.386e+00
1/16	-1.494e-03	-9.387e+00
1/32	-3.733e-04	-1.139e+01
1/64	-9.333e-05	-1.339e+01

5.6 二重指数関数型数値積分公式

例 5.9 の積分のように，被積分関数が端点に特異点をもつような場合，台形公式を始めとする多項式補間型公式では良い近似は得られない．一方，最も原始的な台形公式で異常に精度が高くなる例もある．

例 5.11 積分

$$I = \int_{-\infty}^{\infty} e^{-x^2}\, dx = \sqrt{\pi} = 1.77245385090551602729816748334\cdots \quad (5.32)$$

の値を台形公式で求める．この積分は無限区間の積分なので，前もって分割数および積分区間を決めておくわけにはいかない．そこで，被積分関数の値を $\pm\infty$ へ向かって足していき，その値がアンダーフロウ寸前となったら反復を止める．具体的には，

● 無限区間の台形公式 ●

1: $S := f(0); \ i := 1;$
2: **repeat**
3:     $t_+ = f(ih);$
4:     $t_- = f(-ih);$
5:     $S := S + (t_+ + t_-);$
6:     $i := i + 1;$
7: **until** $|t_+| + |t_-| < \varepsilon;$
8: $I := hS;$

というプログラムを書けばよい．ここで ε はアンダーフロウ寸前の値である．

収束の速さを観察するために，ここでは通常の C プログラムの倍精度演算でなく，Mathematica による多倍長演算（有効 4500 桁）で計算することにする．参考までにそのときの Mathematica プログラムを示しておく．

```
1: (* Numerical Integration of Error funciton
2:     by the Trapezoidal Rule
3: *)
4:
5: f[x_] := Exp[-x^2]
6: prec=4500;
7: T = N[Sqrt[Pi], prec];
8: Do[ h=1/2^i; x = 0; term= h f[0]; S=0;
9:     While[term >10^(-prec), S+=term; x+=h;
10:                     term=h*(f[x]+f[-x])];
11:     Print[i," ", Log[10,N[Abs[S-T],10]]], {i,0,5}]
```

5.6 二重指数関数型数値積分公式

表 5.9 積分 (5.32) の値を台形公式で計算した場合の誤差

h	$\log_{10}|\text{error}|$
1	-3.73671
2^{-1}	-16.5957
2^{-2}	-68.0314
2^{-3}	-273.775
2^{-4}	-1096.75
2^{-5}	-4388.64

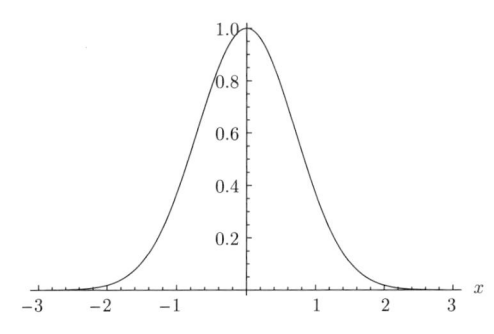

図 5.4 積分 (5.32) の被積分関数の形状

誤差の推移を表 5.9 に示す．この表を見ればわかる通り，$h = 0.5, 0.25$ という比較的大きなきざみ幅で，台形公式とは思えないほどの高精度を得ている．被積分関数が，図 5.4 に示されているような，実軸上で解析的で $\pm\infty$ に向かって急速に減衰するような挙動を示す関数の区間 $(-\infty, \infty)$ における積分は，もっとも原始的な台形公式が，もっとも高精度の結果を与えることが知られている（詳しくは [14, 28]）．一方，積分の端点 a, b のどちらか一方，あるいは両方に（あるいはその近くに）被積分関数が特異点をもっている場合，ある種の変数変換を行い，積分区間を $[a, b]$ から $(-\infty, \infty)$ へ変換し，しかも，被積分関数をいま述べたような台形公式が得意とするような関数に変形し，変形後の関数を台形公式で数値積分すると良い結果が得られることがある．変数変換型の公式はいくつか提案されているが，ここでは，その中でもっとも強力な**二重指数関数型公式** (double exponential formula)（DE 公式と略す）を学ぶ．

まず，積分 (5.1) に対して

$$a = \varphi(-\infty), \qquad b = \varphi(+\infty)$$

という条件を満たす増加関数 $\varphi(t)$ を用い，$x = \varphi(t)$ という変数変換を施せば

$$I = \int_a^b f(x)\,\mathrm{d}x = \int_{-\infty}^{\infty} f(\varphi(t))\varphi'(t)\,\mathrm{d}t \tag{5.33}$$

となる．この場合，$\varphi(t)$ として実軸上で解析的な関数

$$\varphi(t) = \frac{w}{2}\tanh\left(\frac{\pi}{2}\sinh t\right) + c \tag{5.34}$$

を選ぶ．ここで

$$c = \frac{a+b}{2}, \qquad w = b - a$$

である．このとき

$$\varphi'(t) = \frac{\pi}{4}\frac{w}{\cosh^2\left(\dfrac{\pi}{2}\sinh t\right)}$$

であるから

$$I = \int_a^b f(x)\,\mathrm{d}x = \int_{-\infty}^{\infty} f\left(\frac{w}{2}\tanh\left(\frac{\pi}{2}\sinh t\right) + c\right)\frac{\dfrac{\pi\,w}{4}\cosh t}{\cosh^2\left(\dfrac{\pi}{2}\sinh t\right)}\,\mathrm{d}t \tag{5.35}$$

となる．上式の被積分関数 $f(\varphi(t))\varphi'(t)$ は，$t \to \pm\infty$ のとき，ある正数 k が存在して $f(\varphi(t))\varphi'(t) \sim \exp(-k\exp|t|)$ という二重指数関数型で減衰していく．そのため，被積分関数にこのような変換を施し，変換後の関数を台形公式を用いて数値積分を行う公式を二重指数関数型公式と呼んでいる．この場合，台形公式は自動積分法を用いる．

例 5.12 定積分

$$\begin{aligned}
I_1 &= \int_0^1 4\sqrt{1-x^2}\,\mathrm{d}x = \pi \\
I_2 &= \int_{-1}^1 \frac{1}{x+1.0001}\,\mathrm{d}x = \log\left(2.0001 \times 10^4\right)
\end{aligned} \tag{5.36}$$

の値を二重指数関数型公式を用いて計算し，シンプソン公式による結果と比較する．

```
1:  /*
2:      Double exponential formula
3:  */
```

```
 4: #include <stdio.h>
 5: #include <math.h>
 6: double f1(double x);
 7: double f2(double x);
 8: double DE_intgl(double f(double),
 9:                 double a, double b,double eps);
10: double g(double f(double),  double t,
11:          double a, double b);
12:
13: main()
14: {
15:   double a,b,I1,I2;
16:
17:   a=0.0; b=1.0;
18:   I1=DE_intgl(f1,a,b,1.0e-5);
19:   printf ("%lf \n",I1);
20:
21:   a=-1.0; b=1.0;
22:   I2=DE_intgl(f2,a,b,1.0e-5);
23:   printf ("%lf \n",I2);
24: }
25:
26: double DE_intgl(double f(double),  double a,
27:                 double b, double eps)
28: #define    e_under      1.0e-30
29: {
30:   double c,d,g_p,g_m,h,S,t,T_old,T_new,w;
31:   int i;
32:
33:   c=(a+b)/2.0; w=b-a;
34:   h=1.0;
35:
36:   T_old=g(f,0.0,c,w); i=0;
37:   do {
38:     i++; t=i*h;
39:     g_p=g(f,t,c,w); g_m=g(f,-t,c,w);
40:     T_old+=g_p+g_m;
41:   } while (fabs(g_p)+fabs(g_m)>e_under);
42:   T_old*=h;
43:
44:   do {
45:     i=1; S=0;
46:     do {
47:       t=i*h/2.0;
48:       g_p=g(f,t,c,w); g_m=g(f,-t,c,w);
49:       S+=g_p+g_m;
50:       i+=2;
51:     } while (fabs(g_p)+fabs(g_m)>e_under);
```

```
52:
53:        T_new=(T_old+h*S)/2.0;
54:        d=fabs(T_old-T_new);
55:        T_old=T_new;
56:        h/=2;
57:    } while (d>eps);
58:
59:    return T_new;
60: }
61:
62: double g(double f(double), double t, double c, double w)
63:    /*  g(t)=f(phi(t)) phi'(t)   */
64: {
65:    double ch,sh,phi,phi_d;
66:
67:    sh=sinh(t);
68:    ch=cosh(t);
69:    phi=(w/2.0)*tanh(M_PI/2.0*sh)+c;
70:    phi_d=(w/4.0)*M_PI*ch/pow(cosh(M_PI/2.0*sh), 2.0);
71:    return (f(phi)*phi_d);
72: }
73:
74: double f1(double x)
75: {
76:    return (4.0*sqrt(1.0-x*x));
77: }
78: double f2(double x)
79: {
80:    return (1.0/(x+1.0001));
81: }
```

表 5.10 DE 公式とシンプソン公式の誤差と関数評価回数の比較

積分	DE 公式		シンプソン公式	
	誤差	評価回数	誤差	評価回数
I_1	8.820×10^{-16}	77	-1.402×10^{-5}	1025
I_2	-2.043×10^{-13}	151	1.716×10^{-5}	131073

表 5.10 より，DE 公式がいかに強力な公式であるかがわかる．次に，この二重指数型変換後の被積分関数 $g(t) = f(\varphi(t))\,\varphi'(t)$ の形を図示しておく（図 5.5）．この図より，どちらの場合も台形公式の得意な形に変換されていることがわかる．

これまでは有限区間の DE 公式を扱ってきたが，半無限区間，および無限区間には別な変換法を用いる必要がある：

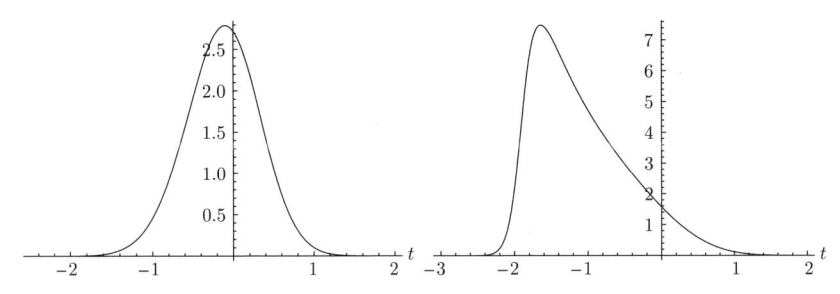

図 **5.5** 変換後の被積分関数 $g(t) = f(\varphi(t))\,\varphi'(t)$ (左が I_1, 右が I_2 の場合)

- 半無限区間 $[0, \infty)$

$$\varphi(t) = \exp\left(\pi \sinh t\right), \qquad \varphi'(t) = \pi \cosh t \exp\left(\pi \sinh t\right)$$

- 無限区間 $(-\infty, \infty)$

$$\varphi(t) = \sinh\left(\frac{\pi}{2} \sinh t\right), \qquad \varphi'(t) = \frac{\pi}{2} \cosh t \cosh\left(\frac{\pi}{2} \sinh t\right)$$

DE 公式を使うとき,標本点 $c_i = \varphi(ih)$ と重み $w_i = \varphi'(ih)$ をあらかじめ計算し,ファイルに保存しておいたものを使うようにすると効率が良い.その他,DE 公式の計算上の注意については [15] を参照すること.

5.7 演習問題

1. 式 (5.6) を導け.

2. ニュートン・コーツ公式の重み係数の対称性, $\bar{w}_i = \bar{w}_{n-i}\ (i = 0, \ldots, n)$ を示せ.

3. ニュートン・コーツ公式の重み係数の和は $\sum_{i=0}^{n} \bar{w}_i = n$ を満たすことを証明せよ.

4. 連立方程式 (5.15) を解いて G_2 公式の重み係数,および標本点を求めよ.

5. 定積分

$$I = \int_0^1 f(x)\,\mathrm{d}x$$

に対する数値積分公式として

$$Q = w_0\,f(0) + w_1\,f(x_1)$$

を考える．この公式が，$f(x) = 1, x, x^2$ に対して定積分値 I と一致するように w_0, w_1, x_1 を定めよ．

6. きざみ幅 h の台形公式（複合公式）を $T(h)$ とする．同様にきざみ幅 h のシンプソン公式（複合公式）を $S(h)$ とする．このとき

$$S(h/2) = \frac{4\,T(h/2) - T(h)}{3}$$

という関係が成り立つことを示せ．

7. 式 (5.26) を導け．

8. 二重指数関数型公式を用いて，積分

$$I = \int_0^1 \sqrt{x}\,\mathrm{d}x = \frac{2}{3}, \qquad I = \int_0^1 \sqrt{x(1-x)}\,\mathrm{d}x = \frac{\pi}{8}$$

を計算せよ．同じ積分をシンプソン公式で計算し比較せよ．

📝 第 5 章のまとめ 📝

- $(n+1)$ 点ニュートン・コーツ公式は，被積分関数の代わりにその n 次補間多項式を積分して得られる公式である（$n=1$ のときは台形公式，$n=2$ のときはシンプソン公式となる）．

- $(n+1)$ 点ニュートン・コーツ公式は，n が奇数のときは n 次まで，n が偶数のときは $n+1$ 次までの多項式を正確に積分する．

- 高次のニュートン・コーツ公式は，重み係数の絶対値が大きくなり，振動するので，桁落ちに弱い（条件数の高い）公式になる．

- ガウス型公式では，$(n+1)$ 点での関数評価で最大 $2n+1$ 次多項式まで正確に積分する．

- ガウス型公式では，一般に標本点は不等間隔でかつ無理数になるので，被積分関数が式で与えられていない場合（例えば数表や測定データなど）は使えない．

- 被積分関数が，積分区間の端に，あるいはその近辺に特異点をもつときは，変数変換によって性質の良いものへ変換してから積分する．そのような数値積分公式の中で最も強力なものが二重指数型公式である．

第6章
常微分方程式を解く

　常微分方程式の初期値問題は，時間とともに進展していく自然現象を解析するための重要な数学的ツールである．しかし，その解を解析的手法によって表現できない場合がほとんどであるため，計算機を用いた近似解法が必要になってくる．電子計算機の誕生当時は，多くの時間が微分方程式の数値解を得るのに費やされていたようである．それだけこの分野の需要が科学技術計算では多いということを物語っているのであろう．この章では，常微分方程式の初期値問題の数値解法を学ぶ．常微分方程式の解を求めるということは，未知関数を含む関数を積分することであり，前章で学んだ数値積分よりは，理論上も，計算上も多くの困難が伴う．

6.1　オイラー法

　まず，次のような形をした（正規形の）常微分方程式の初期値問題を考えることにする：

$$\frac{\mathrm{d}y}{\mathrm{d}x} = f(x, y), \qquad y, f \in \mathbb{R}, \qquad a < x, \\ y(a) = \eta. \tag{6.1}$$

以後，この方程式は，解の存在，一意性の条件などは満たしているものと仮定する．いま，ある点 $x = x_0$ で何らかの方法によって解 $y(x_0)$ がわかったとすると，それより先の点 $x = x_1 (> x_0)$ では，解は

$$y(x_1) = y(x_0) + \int_{x_0}^{x_1} y'(x)\,dx$$
$$= y(x_0) + \int_{x_0}^{x_1} f(x, y(x))\,dx \tag{6.2}$$

と表現される．この積分の被積分関数 f には未知関数 $y(x)$ が含まれているので，この積分の値を解析的手法で計算することも，前章で学んだ数値積分公式によって近似的に計算することも，一般には不可能である．したがって何らかの近似計算法を考えなければならない．

そこでまず思いつくのは，被積分関数 $f(x, y(x))$ を既知の定数値 $f(x_0, y(x_0))$ に置き換えることである．そうすると，$y(x_1)$ を $y(x_0) + (x_1 - x_0)f(x_0, y(x_0))$ で近似したことになる．このようにして得られた $y(x_1)$ の近似を用いて，$x = x_1$ でも同様のことを行えば x_1 より先の x_2 での近似も得られる．この操作を繰り返し実行していけば，x-軸上の標本点 $x_0 < x_1 < x_2 < \cdots$ での近似解が次々と計算されていく．この方法は**オイラー法** (Euler method) と呼ばれている方法で，最も原始的な方法であるが，数値解法を理解する上では重要である．

オイラー法のアルゴリズムをより具体的に書くと

$$\begin{cases} y_{k+1} = y_k + h\,f(x_k, y_k), \quad x_{k+1} = x_k + h, \quad k = 0, 1, \ldots, \\ y_0 = \eta, \quad x_0 = a \end{cases} \tag{6.3}$$

となる．ここで，h は x_k から x_{k+1} までの区間幅であり，各標本点 x_k での解 $y(x_k)$ の近似値を y_k で表している．なお，オイラー法はテイラー展開

$$y(x_{k+1}) = y(x_k) + (x_{k+1} - x_k)\,y'(x_k) + \frac{(x_{k+1} - x_k)^2}{2} y''(x_k) + \cdots$$
$$= y(x_k) + h\,f(x_k, y(x_k)) + \frac{h^2}{2} y''(x_k) + \cdots \tag{6.4}$$

を 1 次の項で打ち切ったものであることは直ちにわかる．

例 6.1 常微分方程式

$$\frac{dy}{dx} = (\cos x)\,y, \qquad y(0) = 1$$

の数値解を $0 \leq x \leq 2\pi$ の範囲で区間を n 等分しオイラー法で求め，それを真の解 $y(x) = \exp(\sin(x))$ と比較する．まずプログラムを示す．

6.1 オイラー法

```
 1: /*
 2:     Euler method
 3: */
 4: #include <stdio.h>
 5: #include <math.h>
 6: double f(double x, double y);
 7:
 8: main()
 9: {
10:   int n;
11:   double h,x0,x1,x_last,y0,y1;
12:
13:   n=40;
14:   x_last=2.0*M_PI;
15:   h=x_last/(double) n;
16:   y0=1.; x0=0.;
17:   printf("%f %f \n",x0,y0);
18:
19:   do {
20:     y1=y0+h*f(x0,y0);
21:     x1=x0+h;
22:     x0=x1;
23:     y0=y1;
24:     printf("%f %f \n",x0,y0);
25:   } while (x0 < x_last);
26: }
27:
28: double f(double x, double y)
29: {
30:   return (cos(x)*y);
31: }
```

真の解と数値解の比較を（図 6.1）に示す．この図より，分割数 n が小さいほど，また x の値が大きくなるに従って，数値解は真の解から離れていくことがわかる．

ここでオイラー法の誤差について考える．式 (6.4) より，y_{k+1} は出発値 y_k が正しい値なら，すなわち $y_k = y(x_k)$ なら，ほぼ h^2 に比例した誤差が生ずることがわかる．このように，正しい値から出発して一歩前進したときに得られた数値解の誤差を**局所離散化誤差** (local discretization error) と呼んでいる．しかし，この「正しい値から出発して」という仮定は初期点だけで成り立つので（初期値はいつでも正確な値と考えるしかない），かなり非現実的な仮定である．実際は，何らかの誤差を含んだ値から出発しなければならない．ここでは丸め誤差の影響

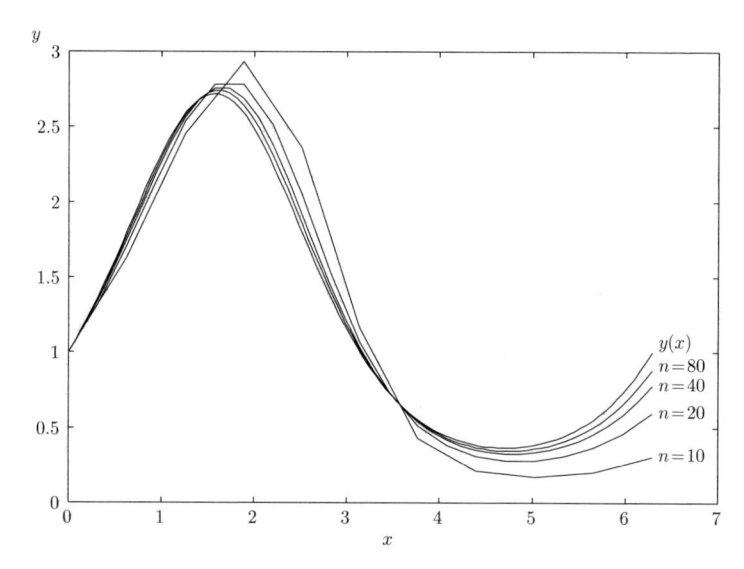

図 6.1　オイラー法による数値解と真の解 $(h = 2\pi/n)$

は考えず，局所離散化誤差の影響だけを考慮し，それが最終結果にどのように反映するかを考える．

まず初期点 x_0 から一歩進んだ点 x_1 での数値解 y_1 は，局所離散化誤差のみを含むことになる．次のステップでは，この局所離散化誤差の影響を受けた真値から少しずれた値 y_1 を出発値として，次の点 x_2 での数値解 y_2 を得ることになる．したがって y_2 は，ずれた出発値の影響と，$x_1 \to x_2$ と進む過程で生じた局所離散化誤差の影響とが，真値 $y(x_2)$ に足し合わされた値になる．この両者はともに $\mathrm{O}(h^2)$ であり，n ステップ後の最終地点では，最大 nK (K は方程式および解に依存する未知定数) 倍されることになる．$n \propto h^{-1}$ であるから，最終結果は $nK\mathrm{O}(h^2) = \mathrm{O}(h)$ 程度の誤差をもつことになる．

この最終結果における誤差を**累積離散化誤差** (accumulated discretization error) と呼んでいる．一般に，局所離散化誤差が $\mathrm{O}(h^{p+1})$ なら累積離散化誤差は $\mathrm{O}(h^p)$ となり，このような解法を ***p* 次の解法** (p th order method) と呼んでいる．したがってオイラー法は 1 次の解法ということになる．次に 2 次以上の解法を学ぶ．

6.2 ホイン法

例 6.1 からもわかるように，オイラー法は手軽だが，高精度な解法とはいいがたい．これは，積分 $\int_{x_k}^{x_{k+1}} f(x, y(x))\,dx$ における被積分関数を既知の定数値 $f(x_k, y_k)$ に置き換える，というかなり安直な導出法に起因している．ここで，仮に次ステップでの解 $y(x_{k+1})$ の良い近似値 $\bar{y}_{k+1}$ が得られたとすれば，この積分を台形公式で近似することも考えられる．すなわち

$$y_{k+1} = y_k + \frac{h}{2}\left(f(x_k, y_k) + f(x_{k+1}, \bar{y}_{k+1})\right)$$

である．ここで，近似値 $\bar{y}_{k+1}$ をオイラー法を用いて計算したとすると

$$\begin{cases} y_{k+1} = y_k + \dfrac{h}{2}(r_1 + r_2), \\ r_1 = f(x_k, y_k), \\ r_2 = f(x_k + h, y_k + h\,r_1), \\ y_0 = \eta, \quad x_0 = a \end{cases} \quad (6.5)$$

という公式が得られる．このようにして得られた解法を**ホイン法** (Heun method) あるいは**修正オイラー法** (modified Euler method) と呼んでいる．

ホイン法では，式 (6.5) を見ればわかる通り，1 ステップあたりの関数の評価回数が 2 回となりオイラー法より 1 回多い．しかし，後述する通り同じ大きさの h に対してより高精度の解が得られるため，オイラー法より大きな h で同じ精度を達成できるので，結果的にはホイン法のほうが計算量が少なくなる．

例 6.2 例 6.1 と同じ方程式をホイン法で解き，数値解を図示しオイラー法と比較する．

```
 1: /*
 2:     Heun's method
 3: */
 4: #include <stdio.h>
 5: #include <math.h>
 6: double f(double x, double y);
 7:
 8: main()
 9: {
10:     int n=20,k;
11:     double h,x0,x1,x_last,y0,y1,r1,r2;
```

```
12:
13:    x_last=2.0*M_PI;
14:    h=x_last/(double) n;
15:
16:    y0=1.; x0=0.;
17:    printf("%lf %lf \n",x0,y0);
18:
19:    do {
20:      r1=f(x0,y0); r2=f(x0+h, y0+h*r1);
21:
22:      y1=y0+h*(r1+r2)/2.0;
23:      x1=x0+h;
24:
25:      x0=x1; y0=y1;
26:      printf("%lf %lf \n",x0,y0);
27:    } while (x0 < x_last);
28: }
29:
30: double f(double x, double y)
31: {
32:    return (cos(x)*y);
33: }
```

図 6.2 を図 6.1 と比較すればわかる通り，ホイン法のほうがオイラー法よりははるかに高精度である．ここで，図 6.3 にきざみ幅 h に対する誤差の変化を図示しておく．この図を注意深く観察すると，$\log_2 n$ が 1 増加すると，$\log_2 |e_n|$ の値は，オイラー法ではおおよそ 1，ホイン法ではおおよそ 2 だけ減少していることがわかる．これは，h の値が半分になると，オイラー法の誤差は半分に，ホイン法の誤差は 1/4 になる，ということを意味している．すなわち，オイラー法は 1 次の解法で，ホイン法は 2 次の解法であることが図から読み取れる．

ここでホイン法の局所離散化誤差を解析する．いま表本点 x_k において得られた数値解 y_k が正しい値 $y(x_k)$ であったと仮定し，一歩先の x_{k+1} における数値解 y_{k+1} の誤差を解析する．このとき，2 変数のテイラー展開より

$$
\begin{aligned}
&f(x_{k+1}, y_k + h f(x_k, y_k)) \\
&= f(x_k, y_k) + h f_x(x_k, y_k) + h f(x_k, y_k) f_y(x_k, y_k) + \mathrm{O}\left(h^2\right) \\
&= f(x_k, y(x_k)) + h \left\{ f_x(x_k, y(x_k)) + f(x_k, y(x_k)) f_y(x_k, y(x_k)) \right\} + \mathrm{O}\left(h^2\right) \\
&= y'(x_k) + h y''(x_k) + \mathrm{O}\left(h^2\right)
\end{aligned}
$$

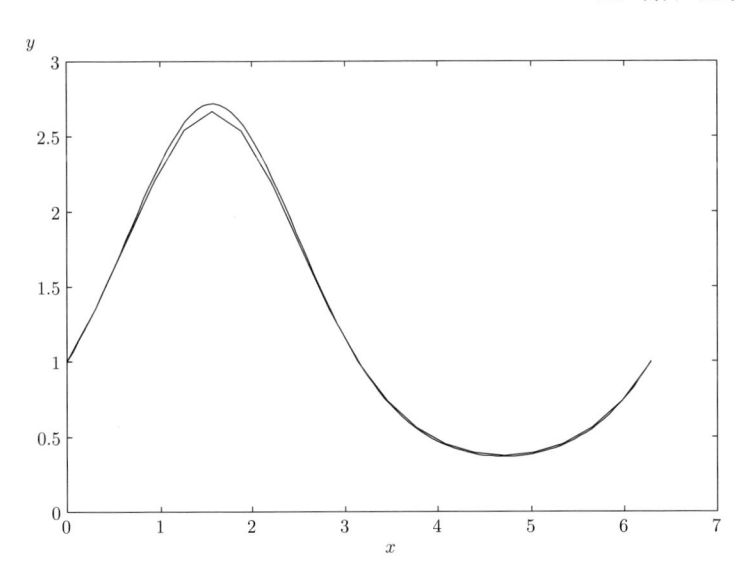

図 **6.2** ホイン法による数値解と真の解 ($h = 2\pi/20$)

となる．これを式 (6.5) に代入すると

$$\begin{aligned} y_{k+1} &= y(x_k) + h\, y'(x_k) + \frac{h^2}{2} y''(x_k) + \mathrm{O}\left(h^3\right) \\ &= y(x_{k+1}) + \mathrm{O}\left(h^3\right) \end{aligned} \quad (6.6)$$

を得る．したがって，ホイン法の局所離散化誤差は $\mathrm{O}\left(h^3\right)$ となるので，累積離散化誤差は $\mathrm{O}\left(h^2\right)$ となり，ホイン法は 2 次の解法となることがわかる．

6.3 高次の公式

ホイン法では，x_k から x_{k+1} へ一歩進むにあたり，関数 $f(x, y)$ を 2 回評価することによって 2 次の精度を達成した．この考え方をさらに発展させ，より高次の公式を得ようとする試みが古から行われてきた（詳しくは [5]）．

まず，オイラー法，ホイン法を一般化した公式

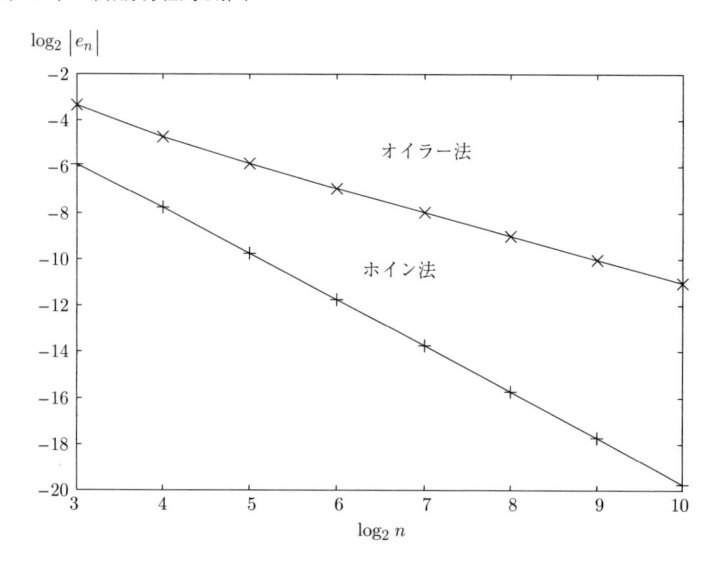

図 6.3 $x = 5\pi/4$ におけるオイラー法とホイン法の誤差の比較
$\left(h = \dfrac{5\pi/4}{n},\ e_n = y_n - y(x_n) \right)$

$$\begin{cases} y_{k+1} = y_k + h \displaystyle\sum_{i=1}^{s} b_i\, r_i, \\ r_1 = f(x_k, y_k), \\ r_i = f(x_k + c_i h,\ y_k + h \displaystyle\sum_{j=1}^{i-1} a_{ij}\, r_j), \quad i = 2,\ldots,s \end{cases} \quad (6.7)$$

を考える．この公式に当てはめると，オイラー法は

$$s = 1, \quad b_1 = 1$$

であり，ホイン法は

$$s = 2, \quad a_{21} = 1, \quad b_1 = b_2 = \frac{1}{2}, \quad c_1 = 0, \quad c_2 = 1$$

となる．式 (6.7) のような形で表されるような公式群は，**s 段（陽的）ルンゲ・クッタ法** (s-stage (explicit) Runge–Kutta method) と呼ばれている．ルンゲ・クッタ法は，オイラー法の拡張としてルンゲ (C. Runge) やクッタ (W. Kutta) らが 100 年以上前にいくつかの低次の公式を開発し，その後，多くの研究者に

よって無数の拡張が行われきた．数式処理システムが発達した現在では，20 次以上の高次解法も開発されているが，手軽に使えるのは 2～4 次の解法であろう．そのいくつかを以下に示しておく：

中点法 (mid-point method)

$$\begin{cases} y_{k+1} = y_k + h\,r_2, \\ r_1 = f(x_k, y_k), \\ r_2 = f(x_k + h/2,\ y_k + h\,r_1/2) \end{cases} \quad (6.8)$$

ホインの 3 次法 (Heun's 3rd order method)

$$\begin{cases} y_{k+1} = y_k + \dfrac{1}{4} h\,(r_1 + 3\,r_3), \\ r_1 = f(x_k, y_k), \\ r_2 = f(x_k + h/3,\ y_k + h\,r_1/3), \\ r_3 = f(x_k + 2h/3,\ y_k + 2h\,r_2/3) \end{cases} \quad (6.9)$$

クッタの 3 次法 (Kutta's 3rd order method)

$$\begin{cases} y_{k+1} = y_k + \dfrac{1}{6} h\,(r_1 + 4\,r_2 + r_3), \\ r_1 = f(x_k, y_k), \\ r_2 = f(x_k + h/2,\ y_k + h\,r_1/2), \\ r_3 = f(x_k + h,\ y_k - h\,r_1 + 2h\,r_2) \end{cases} \quad (6.10)$$

古典的ルンゲ・クッタ法 (Classical Runge–Kutta method)

$$\begin{cases} y_{k+1} = y_k + \dfrac{h}{6}\left(r_1 + 2r_2 + 2r_3 + r_4\right), \\ r_1 = f(x_k, y_k), \\ r_2 = f(x_k + h/2, y_k + h\,r_1/2), \\ r_3 = f(x_k + h/2, y_k + h\,r_2/2), \\ r_4 = f(x_k + h, y_k + h\,r_3) \end{cases} \quad (6.11)$$

例 6.3 常微分方程式

$$\frac{dy}{dx} = 2\,y\,(1-y)\cos x, \qquad y(0) = \frac{1}{2},$$
$$\text{解: } y(x) = \frac{e^{2\sin x}}{1+e^{2\sin x}} \quad (6.12)$$

を上に挙げた各種のルンゲ・クッタ法で解き，収束次数の比較を図 6.4 に示す．プログラムは，基本的にどれも同じなので，古典的ルンゲ・クッタ法のプログラムのみを示しておく．

図 6.4 より，各々の解法の収束次数が読み取れる．また高次の解法ではきざみ幅 h を大きくとれるので，1 ステップあたりの計算量は大きくなっても，結果的には少ない計算時間で要求精度が達成できることが図からわかる．

```
 1: /*
 2:      Classical Runge-Kutta method
 3: */
 4: #include <stdio.h>
 5: #include <math.h>
 6: double f(double x, double y);
 7:
 8: main()
 9: {
10:    double h,r1,r2,r3,r4,x0,x1,x_last,y0,y1;
11:    int n=8;
12:
13:    x_last=4.0;
14:    h=x_last/(double ) n;
15:
16:    x0=0; y0=0.5;
17:    printf("%lf %lf \n",x0,y0);
```

```
18:
19:    do {
20:      x1=x0+h;
21:
22:      r1=f(x0,y0);
23:      r2=f(x0+h/2.,y0+h*r1/2.);
24:      r3=f(x0+h/2.,y0+h*r2/2.);
25:      r4=f(x0+h,y0+h*r3);
26:
27:      y1=y0+(h/6.0)*(r1+2.0*r2+2.0*r3+r4);
28:      x0=x1; y0=y1;
29:      printf("%lf %lf \n",x0,y0);
30:
31:    } while (x0< x_last);
32: }
33:
34: double f(double x, double y)
35: {
36:    return (2.0*y*(1.0-y)*cos(x));
37: }
```

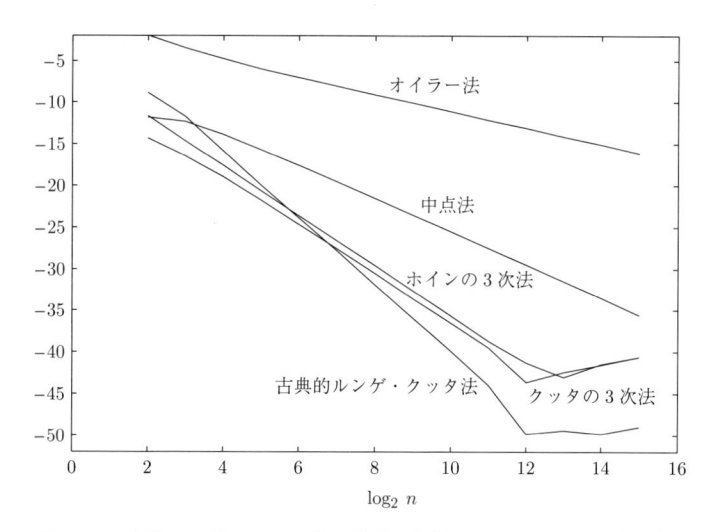

図 **6.4** 各種ルンゲ・クッタ法の誤差の比較 ($x=4$ における誤差)

6.4 数値解法の安定性

微分方程式

$$y' = \lambda y, \quad \lambda \in \mathbb{C}, \quad y(0) = y_0 \tag{6.13}$$

の解は $y(x) = y_0 \exp(\lambda x)$ で与えられる．ここで初期値 y_0 がわずかな**摂動** (perturbation) δ を受けたとき，それに対応する解の挙動を考える．この摂動を受けた解を $\tilde{y}(x)$ とすれば

$$\tilde{y}(x) = (y_0 + \delta) \exp(\lambda x)$$

であるから，摂動を受けないもとの解との差は

$$|y(x) - \tilde{y}(x)| = |\delta| |\exp(\lambda x)| \leq |\delta| \exp(\Re(\lambda) x) \tag{6.14}$$

となる．したがって $\Re(\lambda) < 0$ であれば，この差も徐々に縮小していき目立たなくなる．

一方，方程式 (6.13)（テスト方程式）の数値解は

$$y_{k+1} = R(z) y_k \tag{6.15}$$

という形で表せる．ここで $R(z)$ は**安定性関数** (stability function) と呼ばれている関数である．この式より，$|R(z)| > 1$ であれば，$\Re(\lambda) < 0$ だとしても，摂動を受けた数値解 $\tilde{y}_n$ と受けない数値解 y_n の差 $\delta(R_p(z))^n$ は n とともに増大することになる．したがって $|R(z)| \leq 1$ となっていることが望ましい．複素平面上で，$|R(z)| \leq 1$ となる z の領域を**安定領域** (stability region) と呼んでいる．すなわち，安定領域 S とは

$$S = \mathbb{C}^- \cap \{z \mid |R(z)| \leq 1\} \tag{6.16}$$

となる領域である．

安定性関数は，p 段 p 次 $(1 \leq p \leq 4)$ の陽的ルンゲ・クッタ公式の場合は

$$R(z) = 1 + z + \cdots + \frac{z^p}{p!}, \quad z = \lambda h, \quad p = 1, 2, 3, 4 \tag{6.17}$$

となる（演習問題）．ここで $1 \leq p \leq 4$ について陽的ルンゲ・クッタ法の安定領域を描いたものを図 6.5 に示す．この図で，左半平面 $(\Re(z) \leq 0)$ で曲線内部が安定領域になる．安定領域は常に上下対称になる（演習問題）ので上半分のみを示した．この図より，例えば λ が実数で $\lambda h < -2$ となるように h を選べば，$p = 1, 2$ の場合は $z = \lambda h$ の値は安定領域を出てしまい，数値解が発散することが予想される．

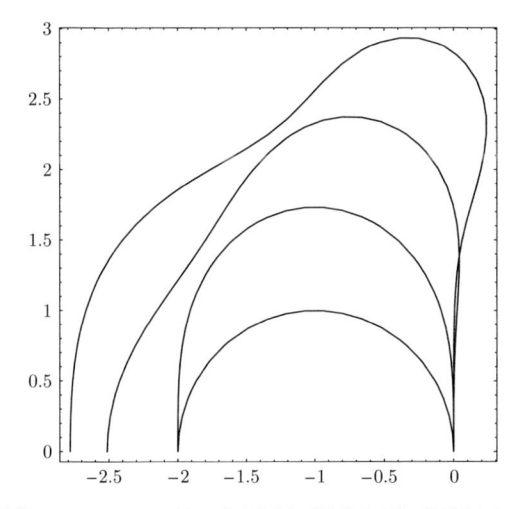

図 **6.5** p 次の陽的ルンゲ・クッタ法の安定領域（曲線内部）（外側から $p = 4, 3, 2, 1$）

例 6.4 方程式
$$y' = -xy, \qquad y(0) = 1 \tag{6.18}$$
を $h = 0.3$ としてホイン法で解く．この方程式の解は $y(x) = \exp(-x^2/2)$ なので，$x \to \infty$ のとき漸近的に 0 に収束していく．この方程式において，x が一定とみなせる狭い範囲では，$-x \simeq \lambda$ とおけば，$y' = \lambda y$ を解いていることになる．したがって，$z = h\lambda \simeq -hx = -0.3x < -2$, すなわち $x > 2/0.3 = 6.666\cdots$ となる領域では，ホイン法の数値解が不安定となることが予想される．

図 6.6 と図 6.7 に方程式 (6.18) をホイン法で解いた場合の数値解とその誤差が示してある．この 2 つの図より，$x = 7$ 近辺から誤差が徐々に増殖し，最後は解が発散していることがわかる．

6.5 陰的解法について

まず，次のような（式 (6.7) の範疇に入らない）公式を考える：

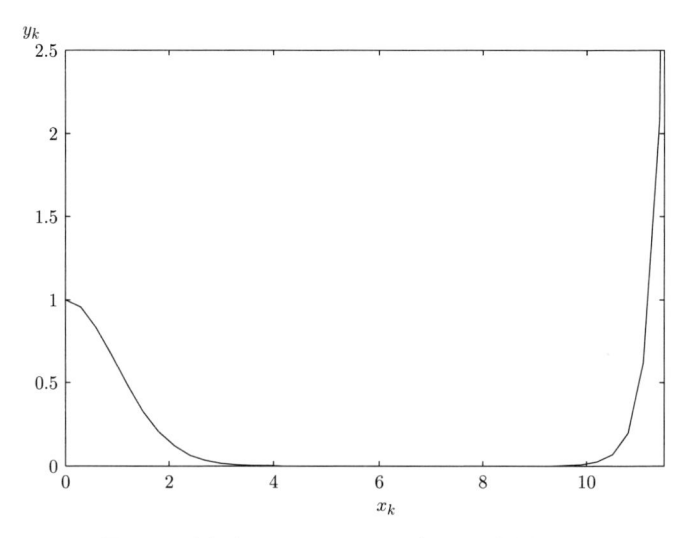

図 **6.6** 方程式 (6.18) のホイン法による数値解 y_k

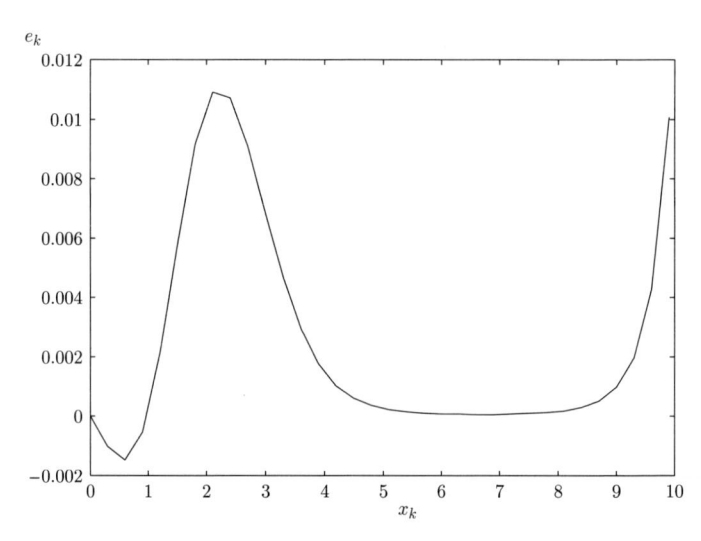

図 **6.7** 方程式 (6.18) のホイン法による数値解の誤差 $e_k = y_k - y(x_k)$

後退オイラー法 (backward Euler method)

$$\begin{cases} y_{k+1} = y_k + h f(x_{k+1}, y_{k+1}), & x_{k+1} = x_k + h, \qquad k = 0, 1, \ldots, \\ y_0 = \eta, \qquad x_0 = a \end{cases} \tag{6.19}$$

この公式はオイラー法と似ているが，オイラー法との違いは，$f(x, y)$ を (x_k, x_k) の代わりに (x_{k+1}, y_{k+1}) で評価していることである．この種の解法では，これから求めようとする値 y_{k+1} が，オイラー法やホイン法のように明確 (explicit) に定義されているのでなく，y_{k+1} を未知数とした非線形方程式

$$F(y) := y - y_k - h f(x_{k+1}, y) = 0 \tag{6.20}$$

によって暗 (implicit) に定義されている．したがって，前述の陽的解法に対して，**陰的な解法** (implicit method) と呼ばれている．

この後退オイラー法を用いてテスト方程式 (6.13) を解くと，数値解は

$$y_{k+1} = \frac{1}{1-z} y_k$$

を満たすので，安定性関数 $R(z)$ は

$$R(z) = \frac{1}{1-z}, \qquad z = h\lambda \tag{6.21}$$

となる．$|z| < 1$ を仮定すると

$$\frac{1}{1-z} = 1 + z + z^2 + z^3 + \cdots$$

のように展開することができるから，オイラー法同様，$\exp(z) = \exp(h\lambda)$ のテイラー展開と 1 次の項まで一致していることがわかる．また，後退オイラー法の安定性関数は，$\Re(z) \leq 0$ である限り $|R(z)| \leq 1$ となることがわかる．したがって，$\Re(\lambda) < 0$ である限り，後退オイラー法は h の大きさに関係なく無条件に安定であることがわかる．後退オイラー法のように無条件に安定である解法を **A-安定** (A-stable) な解法という．一般的にいって，陰的な解法の安定領域は陽的な解法に比べ大きいが，1 ステップごとに式 (6.20) のような非線形方程式を解かなければならないので，その計算量も大きくなる．

非線形方程式の解法として不動点反復法とニュートン法を学んだ．まず不動点反復法について説明する．この場合，不動点反復法は

$$Y_{m+1} = H(Y_m), \quad m = 0, 1, \ldots$$
$$H(Y) := y_k + h\,f(x_{k+1}, Y) \tag{6.22}$$

のような反復式になる．この場合，$|f_y|$ があまり大きくないならば，反復関数 $H(y)$ の微係数

$$H'(Y) = h\,f_y(x_{k+1}, Y)$$

が，収束の条件

$$|H'(Y)| < 1$$

を満たしやすくなる．一方，ニュートン法の反復式は

$$Y_{m+1} = Y_m - F(Y_m)/G(Y_m), \quad m = 0, 1, \ldots,$$
$$F(Y) := Y - y_k - h\,f(x_{k+1}, Y), \quad G(Y) := 1 - h\,f_y(x_{k+1}, Y) \tag{6.23}$$

となる．これら反復公式の出発値 Y_0 は，通常，オイラー法を用いて $Y_0 = y_k + h\,f(x_k, y_k)$ とする．陰的解法で y_{k+1} を得るための反復を**内部反復** (inner iteration) と呼んでいる．

● 後退オイラー法 (1) ●

```
 1: y_0 := η; x_0 = a;
 2: repeat
 3:    x_1 := x_0 + h;
 4:    Y_0 := y_0 + h f(x_0, y_0);
 5:    {* Fixed-point iteration *}
 6:    repeat
 7:       Y_1 := Y_0 + h f(x_1, Y_0);
 8:       δ := Y_1 - Y_0;
 9:       Y_0 := Y_1;
10:    until |δ| < ε;
11:    y_0 := Y_0;
12:    x_0 := x_1;
13: until x_1 ≥ b;
```

● 後退オイラー法 (2) ●

1: $y_0 := \eta;\ x_0 = a;$
2: **repeat**
3:     $x_1 := x_0 + h;$
4:     $Y_0 := y_0 + h f(x_0, y_0);$
5:     {* Newton iteration *}
6:     **repeat**
7:         $Y_1 := Y_0 - (Y_0 - y_0 - h f(x_1, Y_0))/(1 - h f_y(x_1, Y_0));$
8:         $\delta := Y_1 - Y_0;$
9:         $Y_0 := Y_1;$
10:    **until** $|\delta| < \varepsilon;$
11:    $y_0 := Y_0;$
12:    $x_0 := x_1;$
13: **until** $x_1 \geq b;$

例 6.5 例 6.4 と同じ方程式を後退オイラー法で解く．最初にプログラムを示す．このプログラムでは内部反復はニュートン法で解いている．

```
 1: /*
 2:    Backward Euler method
 3: */
 4: #include <stdio.h>
 5: #include <math.h>
 6: double f(double x, double y);
 7: double g(double x, double y);
 8: double F(double x, double y, double y0, double h);
 9: double G(double x, double y, double y0, double h);
10: void solve(double x0, double y0,
11:            double h, double *x1, double *y1);
12:
13: main()
14: {
15:    double x0,x1,y0,y1,h;
16:
17:    h=0.3;
18:    x0=0.; y0=1.0;
19:    printf("%lf %lf \n",x0,y0);
20:
21:    do {
22:       solve(x0,y0,h,&x1,&y1);
```

```
23:     x0=x1; y0=y1;
24:     printf("%lf %lf \n",x0,y0);
25:   } while (x0 < 12.0);
26: }
27:
28: /*  y'=f(x,y)  */
29: double f(double x, double y)
30: {
31:   return (-x*y);
32: }
33: /*  g=f_y  */
34: double g(double x, double y)
35: {
36:   return (-x);
37: }
38:
39: /*  F=y-y0-h*f(x0+h,y)  */
40: double F(double y0, double h, double x, double y)
41: {
42:   return (y-y0-h*f(x,y));
43: }
44:
45: /*  G=F_y=1-h*g(x0+h,y)  */
46: double G(double y0, double h, double x, double y)
47: {
48:   return (1.0-h*g(x,y));
49: }
50:
51: /*  Solving the equation
52:       y-y0-h*f(x0+h,y)=0
53:     by the Newton method.
54: */
55: void solve(double x0, double y0, double h,
56:            double *x1, double *y1)
57: {
58:   double d,eps=1.e-14,Y0,Y1;
59:
60:   Y0=y0+h*f(x0,y0);
61:   *x1=x0+h;
62:
63:   do {
64:     Y1=Y0-F(y0,h,*x1,Y0)/G(y0,h,*x1,Y0);
65:     d=fabs(F(y0,h,*x1,Y0));
66:     Y0=Y1;
67:   } while (d>eps);
68:   *y1=Y1;
69: }
```

次に数値解の概形を図 6.8 に示す．この図より数値解は真の解と同様に安定に推移していることがわかる．次に同じ方程式をホイン法でも解き，$x = 1$ におけ る誤差を比較したものを図 6.9 に示す．この図より，安定な区間ではホイン法が精度が高いことがわかる．というのは，ホイン法は 2 次の解法で後退オイラー法はオイラー法同様 1 次の解法であるからである．

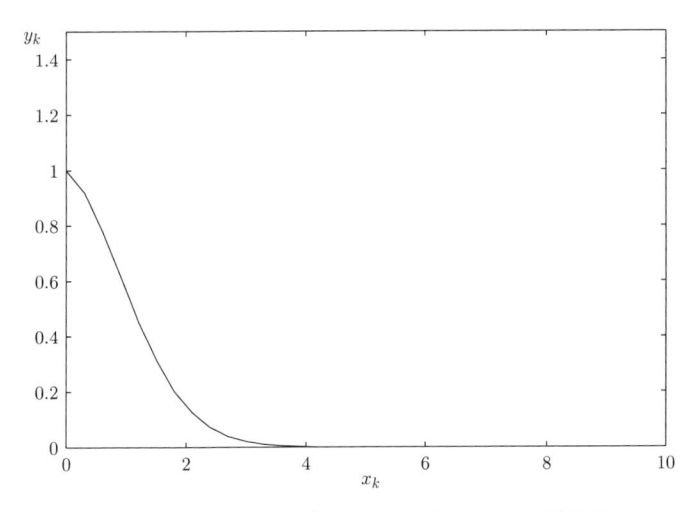

図 **6.8** 後退オイラー法による方程式 (6.18) の数値解

後退オイラー法と同様,陰的解法でやはり A–安定な解法に**台形公式** (trapezoidal rule) がある．それを以下に示す：

$$\begin{cases} y_{k+1} = y_k + \dfrac{h}{2}(r_1 + r_2), \\ r_1 = f(x_k, y_k), \\ r_2 = f\left(x_k + h, y_k + (h/2)(r_1 + r_2)\right) \end{cases} \quad (6.24)$$

陽的な解法と陰的な解法を含むあらゆるルンゲ・クッタ法全般を定式化すると，次のようになる：

$$\begin{cases} y_{k+1} = y_k + h\displaystyle\sum_{i=1}^{s} b_i\, r_i, \\ r_i = f\left(x_k + c_i h,\, y_k + h\displaystyle\sum_{j=1}^{s} a_{ij}\, r_j\right), \quad 1 \leq i \leq s. \end{cases} \quad (6.25)$$

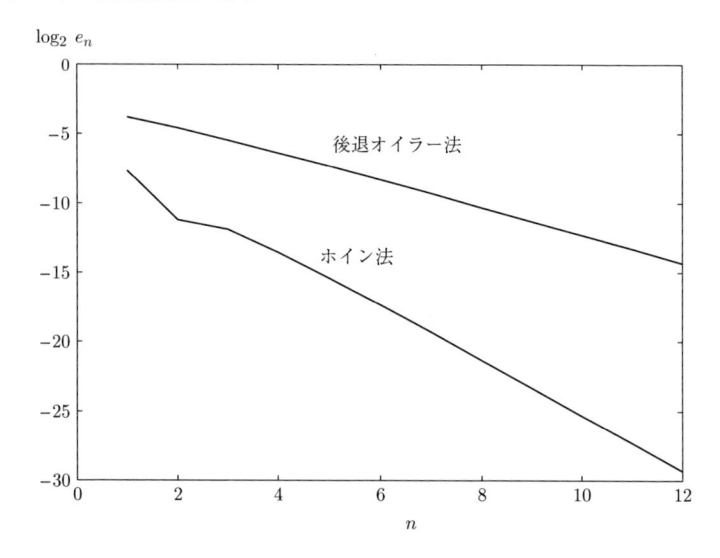

図 **6.9** 方程式 (6.18) を 2 つの解法で解いたときの誤差 ($x = 1$ における誤差, $h = 2^{-n}$)

ルンゲ・クッタ法を下に示すような配列（ブッチャー配列 (Butcher array)）を用いて表現することが多い．

$$
\begin{array}{c|cccc}
c_1 & a_{11} & a_{12} & \cdots & a_{1s} \\
c_2 & a_{21} & a_{22} & \cdots & a_{2s} \\
\vdots & \cdots & \cdots & \cdots & \cdots \\
c_s & a_{s1} & a_{s2} & \cdots & a_{ss} \\
\hline
 & b_1 & b_2 & \cdots & b_s
\end{array}
$$

この配列で，$a_{ij} = 0\,(i \leq j)$ という条件が満たされていれば陽的解法であり，非線形方程式を解くことなしに前へ進める．

6.6　連立常微分方程式のプログラミング

次に，連立常微分方程式の初期値問題を数値的に解くことを考える．まず次の d 元連立常微分方程式を考える：

$$
\begin{aligned}
\frac{d\boldsymbol{y}}{dx} &= \boldsymbol{f}(x, \boldsymbol{y}), \qquad \boldsymbol{y}, \boldsymbol{f} \in \mathbb{R}^d, \qquad a < x, \\
\boldsymbol{y}(a) &= \boldsymbol{\eta}.
\end{aligned} \tag{6.26}
$$

以下,ベクトル $\boldsymbol{y}, \boldsymbol{f}, \boldsymbol{\eta}$ の各成分を y_l, f_l, η_l $(l = 1, \ldots, d)$ のように表す.すなわち

$$\boldsymbol{y} = (y_1, y_2, \ldots, y_d)^T, \quad \boldsymbol{f} = (f_1, f_2, \ldots, f_d)^T, \quad \boldsymbol{\eta} = (\eta_1, \eta_2, \ldots, \eta_d)^T$$

とする.成分を用いて,式 (6.26) を書き下せば

$$\begin{cases} \dfrac{dy_1}{dx} = f_1(x, y_1, \ldots, y_d), & y_1(a) = \eta_1 \\ \dfrac{dy_2}{dx} = f_2(x, y_1, \ldots, y_d), & y_2(a) = \eta_2 \\ \quad \vdots \\ \dfrac{dy_d}{dx} = f_d(x, y_1, \ldots, y_d), & y_d(a) = \eta_d \end{cases} \tag{6.27}$$

となる.このように書けば,式 (6.26) が独立な方程式が d 個並んでいるのではなく,互いに関連し合った方程式が d 個並んでいることがわかる.したがって,数値解法のプログラムを書くときは,その関連性を意識しながら書かねばならない.以下,オイラー法でそのことを示そう.

まず,第 l 成分 $y_l(x)$ の数値解の第 k ステップでの値を $y_{l,k}$ $(l = 1, 2, \ldots, d)$ で表すことにする.そうするとオイラー法は

$$\begin{cases} y_{1,k+1} = y_{1,k} + h f_1(x_k, y_{1,k}, \ldots, y_{d,k}), & y_{1,0} = \eta_1, \\ y_{2,k+1} = y_{2,k} + h f_2(x_k, y_{1,k}, \ldots, y_{d,k}), & y_{2,0} = \eta_2, \\ \quad \vdots \\ y_{d,k+1} = y_{d,k} + h f_d(x_k, y_{1,k}, \ldots, y_{d,k}), & y_{d,0} = \eta_d \end{cases} \tag{6.28}$$

となる.これをベクトル表記すると

$$\boldsymbol{y}_{k+1} = \boldsymbol{y}_k + h \boldsymbol{f}(x, \boldsymbol{y}_k), \qquad \boldsymbol{y}_0 = \boldsymbol{\eta} \tag{6.29}$$

である.オイラー法の拡張である陽的ルンゲ・クッタ法では

である.これは,ベクトル表記では

$$\begin{cases} y_{l,k+1} = y_{l,k} + h \sum_{i=1}^{s} b_i \, r_{l,i}, \\ r_{l,i} = f_l\Big(x_k + c_i\, h,\ y_{1,k} + h \sum_{j=1}^{i-1} a_{ij}\, r_{1,j}, \ldots, y_{d,k} + h \sum_{j=1}^{i-1} a_{ij}\, r_{d,j}\Big), \\ l = 1, \ldots, d \end{cases} \quad (6.30)$$

である.これは,ベクトル表記では

$$\begin{cases} \boldsymbol{y}_{k+1} = \boldsymbol{y}_k + h \sum_{i=1}^{s} b_i\, \boldsymbol{r}_i, \\ \boldsymbol{r}_i = \boldsymbol{f}\Big(x_k + c_i\, h,\ \boldsymbol{y}_k + h \sum_{j=1}^{i-1} a_{ij}\, \boldsymbol{r}_j\Big) \end{cases} \quad (6.31)$$

となり,スカラーの場合と見掛け上は同じである.

例 6.6 次の 4 元連立常微分方程式を考える:

$$\boldsymbol{y}'(x) = P\, \boldsymbol{y}(x), \quad \boldsymbol{y}(x) = (y_1(x), y_2(x), y_3(x), y_4(x))^T \quad (6.32)$$

ここで

$$P = \begin{pmatrix} 19 & -999 & -989 & 30 \\ 999 & -980 & 20 & 1009 \\ -989 & -30 & -1020 & -999 \\ -20 & 1009 & 999 & -21 \end{pmatrix},$$

$$\boldsymbol{y}(0) = (1, 0, 0, 0)^T$$

とする.この方程式の真の解は

$$\boldsymbol{y}(x) = \begin{pmatrix} y_1(x) \\ y_2(x) \\ y_3(x) \\ y_4(x) \end{pmatrix} = \begin{pmatrix} e^{-x}\,(\cos(10x) + \sin(10x)) + e^{-1000x}\sin(10x) \\ e^{-x}\cos(10x) - e^{-1000x}\cos(10x) \\ -e^{-x}\cos(10x) + e^{-1000x}(\cos(10x) + \sin(10x)) \\ -e^{-x}\sin(10x) - e^{-1000x}\sin(10x) \end{pmatrix}$$

となる.この解を古典的ルンゲ・クッタ法で求めてみる.いまの場合,$\boldsymbol{f}(x, \boldsymbol{y}) = P\boldsymbol{y}$ であるから

6.6 連立常微分方程式のプログラミング

$$r_i = P\left(y_k + h \sum_{j=1}^{i-1} a_{ij}\, r_j\right)$$

となり，r_i の計算は独立変数 x に関係なくなることに注意する．下に古典的ルンゲ・クッタ法のプログラムを示す．

```
 1: /*
 2:         Classical R-K method for solving y'=P y
 3: */
 4: #include <stdio.h>
 5: #include <math.h>
 6: #define n      4
 7: double exact(int i, double x);
 8: void Product(double P[][n+1], double x[], double y[]);
 9: void rk4(double y0[], double h, double P[][n+1],
10:          double y1[]);
11:
12: main()
13: {
14:   int l;
15:   double y0[n+1],y1[n+1],x,h=0.0026;
16:   double P[n+1][n+1];
17:
18:   P[1][1]=19.0;  P[1][2]=-999.0; P[1][3]=-989.0; P[1][4]=30;
19:   P[2][1]=999.0; P[2][2]=-980.0; P[2][3]=20.0;  P[2][4]=1009.0;
20:   P[3][1]=-989.0; P[3][2]=-30.0; P[3][3]=-1020.0;
21:   P[3][4]=-999.0;
22:   P[4][1]=-20.0; P[4][2]=1009.0; P[4][3]=999.0; P[4][4]=-21.0;
23:
24:   /*  initial value  */
25:   x=0;
26:   y0[1]=1.0;  y0[2]=0.0;  y0[3]=0.0;  y0[4]=0.0;
27:   printf("%lf %lf %lf %lf %lf \n",x,y0[1],
28:          y0[2],y0[3],y0[4]);
29:
30:   do {
31:     rk4(y0,h,P,y1);
32:     x+=h;
33:     for (l=1; l<=n; l++)
34:       y0[l]=y1[l];
35:     printf("%lf %lf %lf %lf %lf \n",x,y0[1],
36:            y0[2],y0[3],y0[4]);
37:
38:   } while (x<2.0);
39: }
40:
41: void rk4(double y0[], double h, double P[][n+1], double y1[])
42: {
```

```
43:     int l,j;
44:     double tmp[n+1],r1[n+1],r2[n+1],r3[n+1],r4[n+1];
45:
46:       /*  computation of r1   */
47:     for (l=1; l<=n; l++)
48:       tmp[l]=y0[l];
49:     Product(P,tmp,r1);
50:
51:       /*  computation of r2   */
52:     for (l=1; l<=n; l++)
53:       tmp[l]=y0[l]+h*r1[l]/2.0;
54:     Product(P,tmp,r2);
55:
56:       /*  computation of r3   */
57:     for (l=1; l<=n; l++)
58:       tmp[l]=y0[l]+h*r2[l]/2.0;
59:     Product(P,tmp,r3);
60:
61:       /*  computation of r4   */
62:     for (l=1; l<=n; l++)
63:       tmp[l]=y0[l]+h*r3[l];
64:     Product(P,tmp,r4);
65:
66:     for (l=1; l<=n; l++)
67:       y1[l]=y0[l]+h*(r1[l]+2.0*r2[l]+2.0*r3[l]+r4[l])/6.0;
68:
69:     return;
70: }
71:
72: void Product(double P[][n+1], double x[], double y[])
73: {
74:     int i,j;
75:
76:     for (i=1; i<=n; i++) {
77:       y[i]=0;
78:       for (j=1; j<=n; j++)
79:         y[i]+=P[i][j]*x[j];
80:     }
81:     return;
82: }
```

このプログラムを用いて,$h = 0.0026, 0.0028$ という 2 つのきざみ幅で数値解を求め,結果を図 6.10 で比較する (y_1 のみ).この図より,$h = 0.0026$ のときは正常な数値解が得られているが,わずかに大きくした $h = 0.0028$ では発散していることがわかる.またある程度 h を小さくすれば,理論通り $O(h^4)$ の収束性を示していることが表 6.1 よりわかる.

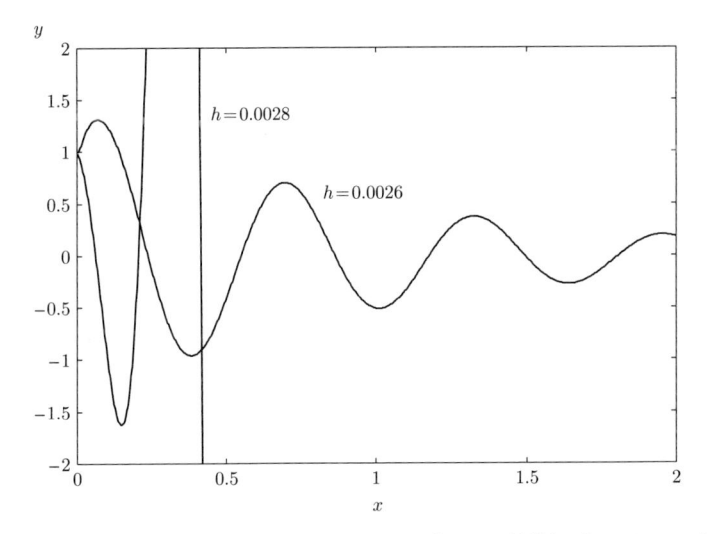

図 6.10 方程式 (6.32) の古典的ルンゲ・クッタ法による数値解 ($y_1(x)$ のみ表示)

表 6.1 きざみ幅 h と誤差 E の関係

$\log_2 h$	$\log_2 E$
-6	350.
-7	425.
-8	278.
-9	-27.5
-10	-31.5
-11	-35.5
-12	-39.5
-13	-43.5

$E := \max_l |y_{l,k} - y_l(0.5)|, (k\,h = 0.5)$

この理由は行列 P の固有値を計算すると明らかになる．行列 P の固有値は

$$\lambda = -1 \pm 10\,\mathrm{i}, \; -1000 \pm 10\,\mathrm{i}$$

である．古典的ルンゲ・クッタ法（4 次のルンゲ・クッタ法）の安定領域は，実軸では $-2.78\cdots < x \leq 0$ となっているので（図 6.5 参照），絶対値の大きいほうの固有値に対して，$h\lambda$ が安定領域に入るためには

$$\lambda h = (-1000 \pm 10\,\mathrm{i})\,h \simeq -1000\,h > -2.78\cdots$$

となっていなければならない．これは，h に対して

$$0 \leq h < 0.00278\cdots$$

を要求していることになる．したがって，$h = 0.0026$ とすれば $h\lambda$ は安定領域の内部で数値解は安定で，$h = 0.0028$ では外部になり不安定になることがわかる．

上の例のように，線形方程式において係数行列の固有値の実部の比

$$\rho := \frac{\max_l |\Re(\lambda_l)|}{\min_l |\Re(\lambda_l)|}$$

が極端に大きい方程式を**硬い方程式** (stiff equation) と呼んでいる．また，上で定義された値 ρ を**硬度比** (stiffness ratio) と呼んでいる．例 6.6 の方程式は，硬度比が 1000 という，かなり "硬い" 方程式になっている．

いま見てきたように，数値解が安定であるためには，すべての固有値 λ に対して $h\lambda$ の値が安定領域に入っていなければならない．ということは，硬度比が大きくなればなるほど h を小さくしなければならないということになり，安定領域が有限の陽的解法にとっては，硬い方程式は苦手ということなる．一方，陰的解法には安定領域が無限に広い解法，すなわち A–安定な解法が多く存在するが，1 ステップ進むごとに非線形連立方程式を解かねばならない．この非線形連立方程式を解くための計算量は，ブッチャー配列の構造にも依存するが，最悪の場合，sd 元連立非線形方程式を解くことになり，その計算量は $\mathrm{O}(s^3 d^3)$ となる．したがって，陰的解法は硬い方程式専用で "柔らかい方程式" には使われない．陰的解法の安定性および解法の実装法は，かなり高度な話題になるので専門書 [6] に譲ることにする．

ところで，我々が学んだ数値解法は，スカラー型にせよベクトル型にせよ，1 階微分方程式のみであった．しかし，応用上はスカラーの高階微分方程式も重要である．スカラーの高階方程式は，ベクトル型の 1 階方程式に変換してから解くことになる．例えば

$$u''(x) + a\,u'(x) + b\,u(x) = g(x), \quad u(0) = \eta_1, \quad u'(0) = \eta_2$$

というような方程式は

という置き換えを行えば

$$\frac{\mathrm{d}}{\mathrm{d}x}\begin{pmatrix} y_1(x) \\ y_2(x) \end{pmatrix} = \begin{pmatrix} 0 & 1 \\ -a & -b \end{pmatrix} \begin{pmatrix} y_1(x) \\ y_2(x) \end{pmatrix} + \begin{pmatrix} 0 \\ g(x) \end{pmatrix}, \qquad \begin{pmatrix} y_1(0) \\ y_2(0) \end{pmatrix} = \begin{pmatrix} \eta_1 \\ \eta_2 \end{pmatrix}$$

となり，ベクトル型の 1 階方程式に変換されるので，この方程式に既存の解法を適用すればよい．

例 6.7 自励発信器の数理モデルである**ファン・デル・ポルの方程式** (Van der Pol equation)

$$u''(x) + \varepsilon\left(u^2(x) - 1\right)u'(x) + u(x) = 0, \qquad \varepsilon > 0 \qquad (6.33)$$

を古典的ルンゲ・クッタ法で解き，**極限周期軌道** (limit cycle) を描く．まず，この方程式を上で述べた方法によって変換すると

$$\frac{\mathrm{d}}{\mathrm{d}x}\begin{pmatrix} y_1 \\ y_2 \end{pmatrix} = \begin{pmatrix} y_2 \\ -\varepsilon\left(y_1^2 - 1\right)y_2 - y_1 \end{pmatrix} =: \begin{pmatrix} f_1(x, y_1, y_2) \\ f_2(x, y_1, y_2) \end{pmatrix}$$

となる．前の例と同様，右辺のベクトル f は x に依存しないが，非線形方程式なので前の例とは異なり，行列とベクトルの積で書けないことに注意する．下にプログラムを示す．

```
 1: /*
 2:         Classical R-K method for solving
 3:         Van der Pol equation.
 4: */
 5: #include <stdio.h>
 6: #include <math.h>
 7: #define eps     0.5
 8: #define n       2
 9: void func(double y[], double f[]);
10: void rk4(double y0[], double h, double y1[]);
11:
12: main()
13: {
14:    int l;
15:    double y0[n+1],y1[n+1],x,h=0.01;
16:
```

```
17:      /*  initial value  */
18:      x=0;
19:      y0[1]=3.0; y0[2]=1.0;
20:      printf("%lf %lf %lf \n",x,y0[1],y0[2]);
21:
22:      do {
23:         rk4(y0,h,y1);
24:         for (l=1; l<=n; l++)
25:            y0[l]=y1[l];
26:         x+=h;
27:         printf("%lf %lf %lf \n",x,y0[1],y0[2]);
28:      } while (x < 200.0);
29: }
30: void rk4(double y0[], double h, double y1[])
31: {
32:      int l;
33:      double tmp[n+1],r1[n+1],r2[n+1],r3[n+1],r4[n+1];
34:
35:      /*  computation of r1  */
36:
37:      for (l=1; l<=n; l++)
38:         tmp[l]=y0[l];
39:      func(tmp,r1);
40:
41:      /*  computation of r2  */
42:      for (l=1; l<=n; l++)
43:         tmp[l]=y0[l]+h*r1[l]/2.0;
44:      func(tmp,r2);
45:
46:      /*  computation of r3  */
47:      for (l=1; l<=n; l++)
48:         tmp[l]=y0[l]+h*r2[l]/2.0;
49:      func(tmp,r3);
50:
51:      /*  computation of r4  */
52:      for (l=1; l<=n; l++)
53:         tmp[l]=y0[l]+h*r3[l];
54:      func(tmp,r4);
55:
56:      for (l=1; l<=n; l++)
57:         y1[l]=y0[l]+h*(r1[l]+2.0*r2[l]+2.0*r3[l]+r4[l])/6.0;
58:
59:      return;
60: }
61:
62: void func(double y[], double f[])
63: {
64:    f[1]=y[2];
```

```
65:    f[2]=-eps*(y[1]*y[1]-1.0)*y[2]-y[1];
66:    return;
67: }
```

図 6.11 に 2 組の初期値から出発した場合の極限閉軌道を示す．ここで，左の図は $y_1(0) = 0.05$, $y_2(0) = 0.00$ とした場合であり，右の図は $y_1(0) = 3.00$, $y_2(0) = 1.00$ とした場合である．この 2 つの図から極限周期軌道の内側から出発しても，あるいは外側から出発しても，同じ軌道に巻きついていることがわかる．なお，極限閉軌道の存在については [5] を参照するとよい．

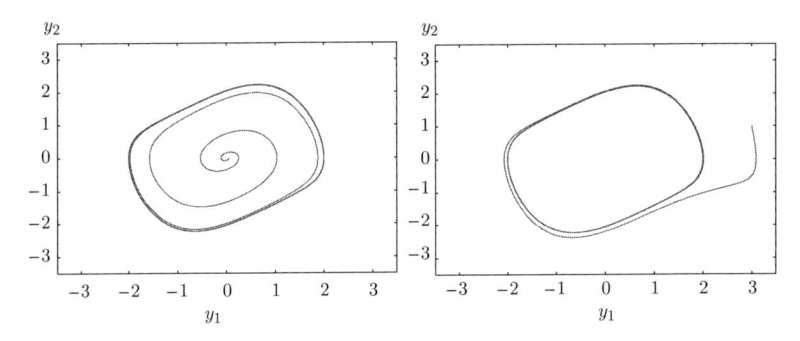

図 6.11　ファン・デル・ポル方程式の極限閉軌道（$\varepsilon = 0.5$ の場合）

6.7　弧長変換

微分方程式の解 $y(x)$ が有限の x で発散するとき，その解を**爆発解** (blow-up solution) と呼んでいる．爆発解をもつもっとも単純な微分方程式は

$$\frac{dy}{dx} = y^2(x), \qquad x > 0, \qquad y(0) = 1 \tag{6.34}$$

である．この方程式の解は

$$y(x) = \frac{1}{1-x}, \qquad 0 \leq x < 1$$

なので，$x = 1$ で発散する．このような方程式の解を，爆発する x の値（**爆発時刻** (blow-up time) と呼ぶ）近辺で数値的に求めることにはかなり困難が伴う．我々は，前章で特異性の強い関数に変数変換を施し，数値積分しやすい関数に変

換する二重指数型変換公式を学んだ．常微分方程式の数値解法でも同様の手法が提案されているが，ここでは，[7, 16] において提案されている簡単でわかりやすい手法を学ぶ．

まず原点 $(0, y(0))$ から測った解曲線の長さ，すなわち**弧長** (arc-length) を s とし，s を独立変数とし，x, y は s の関数と考える．そうすると，もとの常微分方程式

$$\frac{dy}{dx} = f(x, y), \quad x > 0, \quad y(0) = y_0$$

は，$(ds)^2 = (dx)^2 + (dy)^2$ という関係を用いると，連立常微分方程式

$$\frac{d}{ds}\begin{pmatrix} x(s) \\ y(s) \end{pmatrix} = \frac{1}{\sqrt{1 + f^2(x(s), y(s))}}\begin{pmatrix} 1 \\ f(x(s), y(s)) \end{pmatrix}, \quad s > 0,$$
$$\begin{pmatrix} x(0) \\ y(0) \end{pmatrix} = \begin{pmatrix} 0 \\ y_0 \end{pmatrix} \quad (6.35)$$

へと変換される．この変換を**弧長変換** (arc-length transformation) と呼ぶことにする．

例 6.8 方程式 (6.34) に弧長変換を施すと

$$\frac{d}{ds}\begin{pmatrix} x \\ y \end{pmatrix} = \frac{1}{\sqrt{1 + y^4}}\begin{pmatrix} 1 \\ y^2 \end{pmatrix}, \quad s > 0, \quad \begin{pmatrix} x(0) \\ y(0) \end{pmatrix} = \begin{pmatrix} 0 \\ 1 \end{pmatrix} \quad (6.36)$$

となる．変換後の方程式の解 $y(s)$ と変換前の解 $y(x)$ とを比較すると図 6.12 のようになる．この図より，変換後の y は s に対してほぼ直線状に増加していき，数値的に解きやすくなっていることがわかる．

ここで，2 つの方程式 (6.34) と (6.36) を古典的ルンゲ・クッタ法で解き，相対誤差を比較したものを図 6.13 に示す．変換前の方程式 (6.34) は $h = 1/128$ とし $0 \leq x \leq 1 - h$ まで計算し，変換後の方程式 (6.36) は $h = 1/32$ とし $0 \leq s \leq 200$ まで計算している．変換後の方程式は 4 倍大きなきざみ幅を用いているにもかかわらず，$x = 1$ の近辺では精度が高くなっている．

なお，弧長変換を用いた爆発時刻の推定法は文献 [4] で詳しく紹介されている．

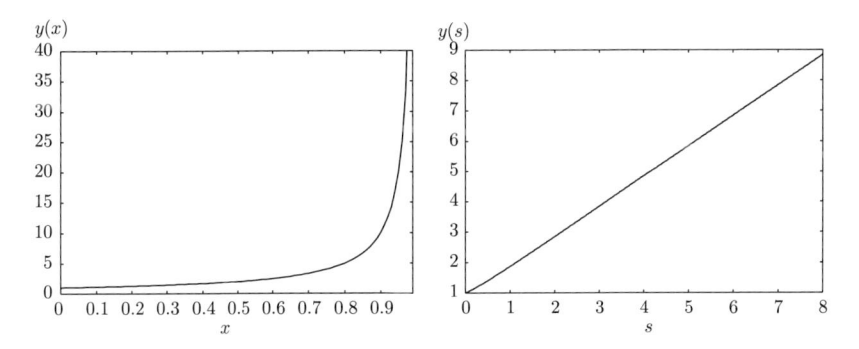

図 6.12 変換前の解 $y(x)$ と変換後の解 $y(s)$ の比較

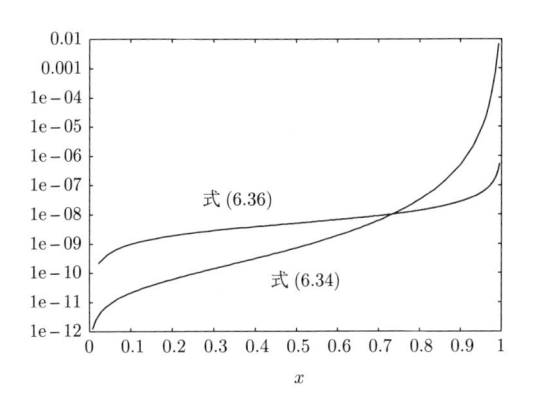

図 6.13 変換後の方程式と変換前の方程式の数値解の相対誤差の比較

6.8 演習問題

1. 中点法 (6.8) が 2 次の解法であることを証明せよ．

2. 式 (6.17) を証明せよ．

3. ルンゲ・クッタ法の安定領域は上下対称になることを示せ．

4. 例 6.4 と同じ方程式をオイラー法，ホイン法以外の解法で解いて，誤差の振る舞いを比較してみよ．

5. s 段の陽的ルンゲ・クッタ法の安定性関数は s 次の多項式になることを示せ．したがって，このことから s 段の陽的ルンゲ・クッタ法は，せいぜい s 次までしか到達できないことを示せ．

6. 台形公式 (6.24) の安定性関数は

$$R(z) = \frac{1+z/2}{1-z/2}$$

となることを示せ.

7. 常微分方程式
$$y'(x) = f(x), \qquad y(a) = 0$$
という特殊な方程式に古典的ルンゲ・クッタ法を適用することは，積分

$$I = \int_a^b f(x)\,\mathrm{d}x$$

にシンプソン公式を適用することと同じであることを示せ.

✎ 第6章のまとめ ✎

- オイラー法は精度が低いので実用的ではない．
- 低次の解法は精度を上げるためには，きざみ幅 h をかなり小さくしなければならない．そのことによって計算量が増え，丸め誤差も増えることになる．
- 陽的解法では，古典的ルンゲ・クッタ法は 4 次精度なので，硬い方程式でなければ十分な精度の解が得られる．
- 陰的解法は硬い方程式向きであるが，1 ステップごとに非線形連立方程式を解かなければならないので計算量は大きい．
- スカラーの高階方程式は 1 階の連立方程式に変換してから解く．
- 爆発解をもつ方程式は解曲線の弧長に沿って積分するとよい．

第 7 章
収束を加速する

我々は第 5 章で台形公式によって得られた数列を加速する方法,すなわち,ロンバーグ積分法を学んだ.この章では,台形公式が生成する数列に限らず,一般の収束の遅い数列を加速する方法を学ぶ.

7.1 リチャードソンの補外

一般に,数値計算のアルゴリズムは,ある正のパラメータ(仮に h とする)があって,$h \to 0$ という極限において真値に収束するように作られていることが多い.いま求めたい量を A とし,それへの収束が保証されている有限時間内に計算可能な量を $A(h)$ とする.さらに,$A = A(0) = \lim_{h \to 0} A(h)$ は有限時間内に計算できないものとする.このような場合,$A(h)$ の値を比較的小さな h の値 $h_1 > h_2 > 0$ で計算し,計算された 2 つの値 $A(h_1), A(h_2)$ から極限 $A(0)$ を 1 次補間で近似したくなるだろう.このように,計算した領域外の点での値を推定することを,補間と区別して**補外** (extrapolation) と呼んでいる(図 7.1 参照).

いま $A(h)$ が

$$A(h) = A + a_1 h^{p_1} + a_2 h^{p_2} + \cdots, \quad 0 < p_1 < p_2 < \cdots, \quad h \to 0 \quad (7.1)$$

という**漸近展開** (asymptotic expansion) をもったとする.ここで,$a_i \, (i = 1, 2, \ldots)$ は h に依存しない(一般には)未知の定数であり,$p_i \, (i = 1, 2, \ldots)$ は既知の定数とする.漸近展開をもつということは,必ずしも式 (7.1) の右辺が収束することを意味せず,右辺の和を有限項で打ち切ったとき

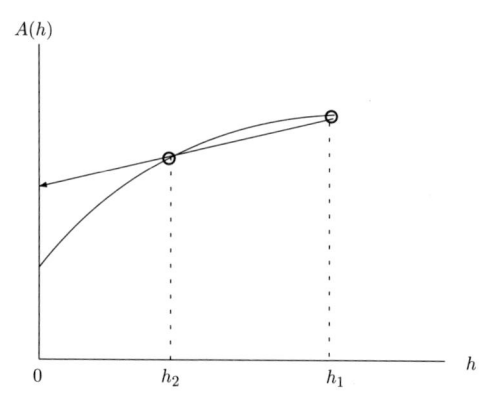

図 7.1 極限 $h=0$ への補外

$$A(h) - (A + a_1 h^{p_1} + a_2 h^{p_2} + \cdots + a_k h^{p_k}) = \mathrm{O}(h^{p_{k+1}}), \quad h \to 0 \qquad (7.2)$$

となることを意味している. 式 (7.2) が成り立っているとき, $A(h)$ と $A(\lambda h)$ ($0 < \lambda < 1$) から

$$A_1^{(1)} := \frac{A(\lambda h) - \lambda^{p_1} A(h)}{1 - \lambda^{p_1}} \qquad (7.3)$$

なる量を計算すると

$$A_1^{(1)} = A + \frac{a_2 (\lambda^{p_2} - \lambda^{p_1})}{1 - \lambda^{p_1}} h^{p_2} + \mathrm{O}(h^{p_3}) \qquad (7.4)$$

となり, $A_1^{(1)}$ では $\mathrm{O}(h^{p_1})$ の項が消去され $\mathrm{O}(h^{p_2})$ の誤差をもつことになるので, $A_1^{(1)}$ が A のより良い近似であることが期待できる.

次に, 同様のことを行って, いま得られた量 $A_1^{(1)}$ の $\mathrm{O}(h^{p_2})$ の項を消去することを考える. そのためには, もう 1 点 $\lambda^2 h$ にて $A(\lambda^2 h)$ を求め

$$\begin{aligned} A_2^{(1)} &:= \frac{A(\lambda^2 h) - \lambda^{p_1} A(\lambda h)}{1 - \lambda^{p_1}} \\ &= A + \frac{a_2 (\lambda^{p_2} - \lambda^{p_1})}{1 - \lambda^{p_1}} (\lambda h)^{p_2} + \mathrm{O}(h^{p_3}) \end{aligned} \qquad (7.5)$$

を計算すると, やはり $\mathrm{O}(h^{p_2})$ の誤差をもつ量が計算されので, この $A_2^{(1)}$ と $A_1^{(1)}$ から

$$A_2^{(2)} := \frac{A_2^{(1)} - \lambda^{p_2} A_1^{(1)}}{1 - \lambda^{p_2}}$$

という量を計算すれば

$$A_2^{(2)} = A + \mathrm{O}\left(h^{p_3}\right) \tag{7.6}$$

を得る．同様のことを繰り返していけば，誤差のオーダを $\mathrm{O}\left(h^{p_4}\right)$, $\mathrm{O}\left(h^{p_5}\right)$, … と上げていくことができる．このような計算法を**リチャードソンの補外法** (Richardson's extrapolation) と呼んでいる．具体的には次のような計算法になる：

● リチャードソンの補外法 ●

1: $A_0^{(0)} := A(h)$;
2: **for** $i := 1$ **to** m **do**
3:     $A_i^{(0)} := A(\lambda^i h)$;
4:     **for** $j := 1$ **to** i **do**
5:         $A_i^{(j)} := \bigl(A_i^{(j-1)} - \lambda^{p_j} A_{i-1}^{(j-1)}\bigr)/\bigl(1 - \lambda^{p_j}\bigr)$;
6:     **end for**
7: **end for**

手計算でリチャードソンの補外法の計算を行うときは，図 7.2 のような表を書くとわかりやすい．

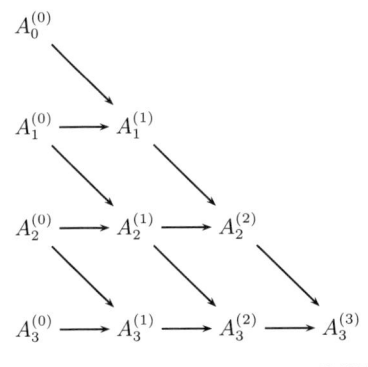

図 **7.2** リチャードソンの補外法の計算

例 7.1 次のような h の級数

$$A(h) = 1 + 0.8\, h - 0.7\, h^2 + 0.4\, h^3 - 0.2\, h^4 + 0.1\, h^5 \tag{7.7}$$

を考える．この場合は，直ちに $A(0)$ の値が計算可能だが，極限への補外を用いて極限値 1 を求める．各 p_i の値は

$$p_1 = 1, \quad p_2 = 2, \quad p_3 = 3, \quad p_4 = 4, \quad p_5 = 5$$

となる．ここでは，$h = 0.1, \lambda = 1/2$ として計算する．

```
 1: /*
 2:     Richardson's extrapolation
 3: */
 4: #include <stdio.h>
 5: #include <math.h>
 6: #include <stdlib.h>
 7: #define m      5
 8: double a(double h);
 9:
10: main ()
11: {
12:   int i,j;
13:   double h,*A[m],c,lambda=0.5;
14:
15:   for (i=0; i<m; i++)
16:     A[i]=(double *) malloc((i+1)*sizeof(double));
17:
18:   h=0.1;
19:   A[0][0]=a(h);
20:
21:   for (i=1; i<m; i++) {
22:     h*=lambda;
23:     c=lambda;
24:     A[i][0]=a(h);
25:     for (j=1; j<=i; j++) {
26:       A[i][j]=(A[i][j-1]-c*A[i-1][j-1])/(1.0-c);
27:       c*=lambda;
28:     }
29:   }
30:
31:   for (i=0; i<m; i++) {
32:     for (j=0; j<=i; j++) {
33:       printf("%12.8lf ",A[i][j]);
34:     }
35:     printf(" \n");
36:   }
37: }
38:
39: double a(double h)
40: {
41:   double s;
```

```
42:    s=1.0+0.8*h-0.7*pow(h,2.0)+0.4*pow(h,3.0)
43:        -0.2*pow(h,4.0)+0.1*pow(h,5.0);
44:    return (s);
45: }
```

表 7.1 を見ると，加速前の値 $A_4^{(0)}$ はわずか 10 進 3 桁程度の精度しかなかったが，加速後の値 $A_4^{(4)}$ は 9 桁も正しい値になっている．このことより加速の効果が歴然としているといえる．

表 7.1 数列 (7.7) にリチャードソンの補外法を適用した結果

i	$A_i^{(0)}$	$A_i^{(1)}$	$A_i^{(2)}$	$A_i^{(3)}$	$A_i^{(4)}$
0	1.07338100				
1	1.03829878	1.00321656			
2	1.01956867	1.00083856	1.00004590		
3	1.00989140	1.00021413	1.00000599	1.00000028	
4	1.00497275	1.00005411	1.00000076	1.00000002	1.00000000

ところで，第 5 章で学んだように，きざみ幅 h として台形公式 $T(h)$ で積分 I を近似したとき，$T(h)$ は

$$T(h) = I + c_1 h^2 + c_2 h^4 + \cdots \tag{7.8}$$

という誤差の展開式をもっている．このことは，式 (7.1) において $p_1 = 2$, $p_2 = 4, \cdots$ となっていることに相当するので，リチャードソンの補外法が適用できる．台形公式にリチャードソンの補外法を適用したのがロンバーグ積分法であることはいうまでもない．リチャードソンの補外法は，数値積分に限らず常微分方程式の初期値問題にも適用できる．

例 7.2 微分方程式

$$\frac{dy}{dx} = (\cos x)\, y, \qquad y(0) = 1 \tag{7.9}$$

の解は $y(x) = \exp(\sin x)$ である．この解の $x = \pi$ における値 $y(\pi) = \exp(\sin \pi) = 1$ をオイラー法で求め，リチャードソンの補外法で加速する．きざみ幅を h としてオイラー法によって得られた数値解を $y(x; h)$ とすれば，$y(x; h)$ は

$$y(x; h) = y(x) + c_1(x)\, h + c_2(x)\, h^2 + \cdots + c_p(x) h^p + O(h^{p+1})$$

なる展開をもつことが知られている．したがって，リチャードソンの補外法が適用可能である．ここでは，初期のきざみ幅を $h = \pi/16$ とし，それを逐次半分にしていき，得られた数列 $A_i^{(0)} = y(\pi; \pi/(16 \cdot 2^i))$ $(i = 0, 1, \ldots)$ を加速していく．結果を表 7.2 に示す．この表より，1 列目は $\mathrm{O}(h)$，2 列目は $\mathrm{O}(h^2)$，3 列目は $\mathrm{O}(h^3)$ の速さで収束していることがわかる．

表 7.2 オイラー法にリチャードソンの補外法を適用した結果

i	$e_i^{(0)}$	$e_i^{(1)}$	$e_i^{(2)}$	$e_i^{(3)}$
0	2.482e-01(-2.01)			
1	1.216e-01(-3.04)	-5.020e-03(-7.64)		
2	6.020e-02(-4.05)	-1.195e-03(-9.71)	8.060e-05(-13.6)	
3	2.995e-02(-5.06)	-2.922e-04(-11.7)	8.630e-06(-16.8)	-1.652e-06(-19.2)
4	1.494e-02(-6.06)	-7.229e-05(-13.8)	1.004e-06(-19.9)	-8.489e-08(-23.5)
5	7.462e-03(-7.07)	-1.798e-05(-15.8)	1.213e-07(-23.0)	-4.841e-09(-27.6)

$e_i^{(j)}$ は $A_i^{(j)}$ の誤差 ($e_i^{(j)} = A_i^{(j)} - 1$)，( ) 内は $\log_2 |e_i^{(j)}|$ の値

7.2 エイトケンの Δ^2 法

前節で取り上げた数列 $\{A_i^{(0)}\}$ は，条件

$$\lim_{i \to \infty} \frac{A_{i+1}^{(0)} - A}{A_i^{(0)} - A} = \lambda^{p_1}$$

を満たすので，$|\lambda| < 1$ であれば収束比 λ^{p_1} の 1 次収束列ということになる．リチャードソンの補外法は，この 1 次収束列を繰り返し加速し，より速い 1 次収束列 $\{A_i^{(1)}\}, \{A_i^{(2)}\}, \cdots$ を次々と作り出している．というのは，図 7.2 の表の 2 列目以降は

$$\lim_{i \to \infty} \frac{A_{i+1}^{(j)} - A}{A_i^{(j)} - A} = \lambda^{p_{j+1}}, \quad j = 1, 2, \ldots, \quad 0 < p_1 < p_2 < \cdots$$

を満たしているからである．だが，加速を行う場合，補外法の計算式に収束比 λ^{p_j} が含まれているので，この値は既知でなければならない．ここでは，収束比が未知の 1 次収束法の加速を考える．

例えば
$$A_i = A + a\,r^i + \varepsilon_i, \qquad |r| < 1, \qquad i = 0, 1, \ldots \qquad (7.10)$$
という数列を考える．ここで，r は未知で ε_i は
$$\lim_{i \to \infty} \varepsilon_i = 0, \qquad \text{かつ} \qquad \varepsilon_i = \mathrm{o}\,(r^i), \qquad i \to \infty$$
を満たすものとする．このとき
$$\lim_{i \to \infty} \frac{A_{i+2} - A_{i+1}}{A_{i+1} - A_i} = r$$
であるから，ある程度収束が進んだ段階では
$$\hat{r} := \frac{A_{i+2} - A_{i+1}}{A_{i+1} - A_i}$$
が r の良い近似となっているはずである．そこで，リチャードソンの補外法の式にこの値を代入した
$$\begin{aligned}A_{i+2}^{(1)} &:= \frac{A_{i+2} - \hat{r}\,A_{i+1}}{1 - \hat{r}} \\ &= A_{i+2} - \frac{(A_{i+2} - A_{i+1})^2}{A_{i+2} - 2\,A_{i+1} + A_i}, \qquad i \geq 0\end{aligned} \qquad (7.11)$$
という加速法が有効であると期待される．こうやって得られた数列 $\{A_i^{(1)}\}$ も，式 (7.10) と同様の性質を満たしていれば，またそれを加速すればさらに速くなっていることも期待できよう．そこで，**エイトケン Δ^2 法** (Aitken Δ^2 method) と呼ばれる次の計算法を得る：

エイトケン Δ^2 法

$$A_{i+2}^{(j+1)} = A_{i+2}^{(j)} - \frac{(A_{i+2}^{(j)} - A_{i+1}^{(j)})^2}{A_{i+2}^{(j)} - 2\,A_{i+1}^{(j)} + A_i^{(j)}}, \qquad i \geq 2j, \qquad A_i^{(0)} = A_i \qquad (7.12)$$

ここでエイトケン Δ^2 法の収束性について考える．式 (7.10) の仮定が成り立っているとき

```
          A_0^(0)
          A_1^(0)
          A_2^(0) ———→ A_2^(1)
          A_3^(0) ———→ A_3^(1)
          A_4^(0) ———→ A_4^(1) ———→ A_4^(2)
```

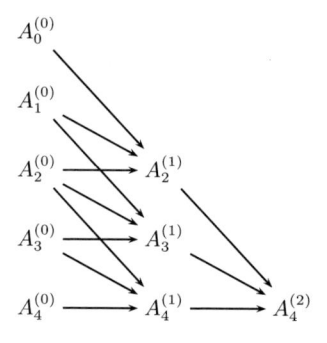

図 **7.3** エイトケン Δ^2 法の計算

$$A_{i+2}^{(1)} = A_{i+2} - \frac{(A_{i+2} - A_{i+1})^2}{A_{i+2} - 2A_{i+1} + A_i}$$

$$= A + a\,r^{i+2} + \varepsilon_{i+2} - \frac{a^2\,r^{2i+2}(r-1)^2\left(1 + \frac{\varepsilon_{i+2} - \varepsilon_{i+1}}{a\,r^{i+1}(r-1)}\right)^2}{a\,r^i\,(r^2-1)^2\left(1 + \frac{\varepsilon_{i+2} - 2\varepsilon_{i+1} + \varepsilon_i}{a\,r^i\,(r-1)^2}\right)}$$

$$= A + \mathrm{o}(r^i)$$

となり,誤差の大きさが $\mathrm{O}(r^i)$ から $\mathrm{o}(r^i)$ へ変わった.

例 7.3 第 1 章で扱った π に収束する数列 $\{L_i\}$ をエイトケン Δ^2 法で加速する.L_i の定義は以下の通りであった:

$$\begin{cases} s_{i+1} = \dfrac{s_i}{\sqrt{2\left(1 + \sqrt{1 - s_i^2}\right)}}, & s_1 = 1, \quad i = 1, 2, \ldots, \\ L_i = 2^i\,s_i \end{cases} \tag{7.13}$$

この数列 $\{L_i\}$ は π へ 1 次収束するので,(収束比 1/4 は既知だが)エイトケン Δ^2 法で加速できる.まず,

$$A_i^{(0)} = L_i, \quad i = 0, 1, \ldots$$

とする.ただし,$A_0^{(0)} = 0$ とする.$A_i^{(0)}$ を加速した結果が表 7.3 のようになる.

```
1: /*
2:    Aitken Delta^2 method for the
3:    sequence converging to π
4: */
```

```
 5: #include <stdio.h>
 6: #include <math.h>
 7: #include <stdlib.h>
 8: #define m      9
 9: double Aitken(double a, double b, double c);
10:
11: main ()
12: {
13:   int i,j;
14:   double s[m],*A[m],c;
15:
16:   for (i=0; i<m; i++)
17:     A[i]=(double *) malloc((i/2+1)*sizeof(double));
18:
19:   s[0]=0; s[1]=1;
20:   A[0][0]=0.0; A[1][0]=2.0;
21:
22:   c=4.0;
23:   for (i=2; i<m; i++) {
24:     s[i]=s[i-1]/sqrt(2.0*(1.0+sqrt(1-s[i-1]*s[i-1])));
25:     A[i][0]=s[i]*c;
26:     c*=2.0;
27:   }
28:   for (i=2; i<m; i++) {
29:     for (j=1; j<=i/2; j++)
30:       A[i][j]=Aitken(A[i][j-1],A[i-1][j-1],A[i-2][j-1]);
31:   }
32:   for (i=0; i<m; i++) {
33:     printf("%2d ",i);
34:     for (j=0; j<=i/2; j++)
35:       printf("%11.7lf ",A[i][j]);
36:     printf(" \n");
37:   }
38: }
39:
40: double Aitken(double a, double b, double c)
41: {
42:   return (a-(a-b)*(a-b)/(a-2*b+c));
43: }
```

エイトケン Δ^2 法は，1次収束列だけでなく，他の数列の加速にも有効なことがある．その1つの例が **超1次収束列** (super-linear convergent series) と呼ばれる数列の加速である．数列 $\{x_k\}$ が，その極限 x^* へ

$$\lim_{k\to\infty} \frac{x_{k+1}-x^*}{x_k-x^*} = 0 \tag{7.14}$$

表 **7.3** エイトケン Δ^2 法によって加速された数列の誤差 ($e_i^{(j)} = A_i^{(j)} - \pi$)

i	$e_i^{(0)}$	$e_i^{(1)}$	$e_i^{(2)}$	$e_i^{(3)}$	$e_i^{(4)}$
0	-3.142e+00				
1	-1.142e+00				
2	-3.132e-01	2.726e-01			
3	-8.013e-02	1.109e-02			
4	-2.015e-02	6.388e-04	2.038e-04		
5	-5.044e-03	3.916e-05	2.664e-06		
6	-1.261e-03	2.436e-06	3.986e-08	5.167e-09	
7	-3.154e-04	1.521e-07	6.161e-10	2.037e-11	
8	-7.885e-05	9.501e-09	9.601e-12	7.949e-14	-8.882e-16

という速さで収束するとき，この数列を超 1 次収束列であるという．

例 7.4 級数和

$$E_n(x) := \sum_{j=0}^{n} \frac{x^j}{j!} \qquad (7.15)$$

は，e^x のテイラー展開を第 n 項で打ち切ったものであるから，テイラー展開の剰余公式より

$$E_n(x) = e^x - \frac{e^{\theta_n x}}{(n+1)!} x^{n+1}, \qquad 0 < \theta_n < 1$$

と表せる．これより $n \to \infty$ のとき $E_n(x)$ が e^x に収束することが直ちにわかる．また，$0 < |x| < M$ のとき

$$\lim_{n \to \infty} \left| \frac{E_{n+1}(x) - e^x}{E_n(x) - e^x} \right| = \lim_{n \to \infty} \frac{|x|}{n+2} \left| e^{(\theta_{n+1} - \theta_n) x} \right| < \lim_{n \to \infty} \frac{M e^M}{n+2} = 0$$

が得られるので，この収束は超 1 次収束になる．ここでは，$x = 2$ として実験を行う．この場合 $x > 1$ なので，最終的には超 1 次収束するが，出だしが遅くなることが予想される．そこで，$A_i^{(0)} = E_{i+4}(x)$ とし，初めの 4 つは加速に用いないことにする．結果を表 7.4 に示す．この表より，超 1 次収束列の加速にもエイトケン Δ^2 法は有効であることがわかる．

7.3 ステフェンセン変換

次の不動点反復法を考える：

表 7.4 エイトケン Δ^2 法により加速された数列の誤差

i	$e_i^{(0)}$	$e_i^{(1)}$	$e_i^{(2)}$	$e_i^{(3)}$	$e_i^{(4)}$
0	-3.891e-01				
1	-1.224e-01				
2	-3.350e-02	1.094e-02			
3	-8.104e-03	2.055e-03			
4	-1.755e-03	3.619e-04	-3.649e-05		
5	-3.436e-04	5.955e-05	-6.179e-06		
6	-6.139e-05	9.157e-06	-9.213e-07	1.823e-07	
7	-1.008e-05	1.318e-06	-1.257e-07	1.619e-08	
8	-1.532e-06	1.781e-07	-1.594e-08	1.609e-09	2.048e-10

$$e_i^{(j)} = A_i^{(j)} - e^2, \qquad A_i^{(0)} = E_{i+4}(2)$$

$$x_{k+1} = F(x_k), \qquad k = 0, 1, \ldots \tag{7.16}$$

ここで第 2 章で学んだ不動点反復法について復習する．反復法 (7.16) によって得られる数列は，不動点 α と x_k ($k = 0, 1, \ldots$) を含む区間内の任意の 2 点 x, y において，$|F(x) - F(y)| < 1$ であれば不動点 α に収束する，ということであった．また収束するときは，収束比が $F'(\alpha)$ となる 1 次収束になることも学んだ．

一般に α は未知であるから収束比も未知となる．したがって，リチャードソンの補外法でなく，エイトケンの Δ^2 法を用いて加速するのが適切である．しかし，反復関数 $F(x)$ が与えられている場合，より強力な加速法がある．この方法は，**ステフェンセン変換** (Steffensen's transformation) と呼ばれている方法で大変強力な加速法である．

エイトケン Δ^2 法で加速する場合，x_0, $x_1 = F(x_0)$, $x_2 = F(F(x_0))$ から $x_2^{(1)}$ を生成し，次は，$x_3 = F(x_2)$ を計算し，という手順であるが，$x_2^{(1)}$ は x_2 よりも α に近いはずなので，$F(x_2)$ よりも $F(x_2^{(1)})$ を計算するほうがより効果的であると考えるのが自然であろう．そこで次のような計算法が考え出された：

ステフェンセン変換

$$x_{i+1} = F(F(x_i)) - \frac{\bigl(F(F(x_i)) - F(x_i)\bigr)^2}{F(F(x_i)) - 2\,F(x_i) + x_i}, \qquad i = 0, 1, \ldots \tag{7.17}$$

ステフェンセン変換によって得られた数列は，$F'(\alpha) \neq 1$ であれば，最終的に 2 次収束することが知られている．

例 7.5 反復関数 $F(x)$ を

$$F(x) = \frac{x+2}{x^2+1} \tag{7.18}$$

とした不動点反復法を考える．この反復関数の不動点の 1 つは，$\alpha = 2^{1/3} (= 1.25992\cdots)$ であり，この点で

$$F'(\alpha) = -0.84053\cdots$$

となるので，反復法

$$x_{i+1} = \frac{x_i+2}{x_i^2+1}, \qquad i=0,1,2,\ldots, \qquad x_0 = 1 \tag{7.19}$$

は比較的収束の遅い 1 次収束列になるが，ステフェンセン変換によって 2 次収束列に変換できる．ここで，不動点反復法 (7.19) によって得られる数列，それをエイトケン Δ^2 法で加速した数列，およびステフェンセン変換によって生成した数列の 3 つの収束の速さを表 7.5 で比較する．なお，表中 e_i^F は不動点反復法の誤差を，e_i^S はステフェンセン変換の誤差を，e_i^A はエイトケン Δ^2 法によって加速された数列の対角要素 $A_i^{(2i)}$ の誤差を，それぞれ表している．この表からステフェンセン変換が大変強力なものであることがわかる．

```
 1: /*
 2:    Steffensen's transformation
 3: */
 4: #include <stdio.h>
 5: #include <math.h>
 6: double Aitken(double a, double b, double c);
 7: double F(double x);
 8:
 9: main ()
10: {
11:   int i,m=5;
12:   double x0=1.0,x1,u,v,w,t;
13:
14:   for (i=1; i<m; i++) {
15:     u=x0;
16:     v=F(u);
```

```
17:        w=F(v);
18:        x1=Aitken(w,v,u);
19:        printf("%2d %11.7lf \n",i,x1);
20:        x0=x1;
21:     }
22: }
23:
24: double Aitken(double a, double b, double c)
25: {
26:     return (a-(a-b)*(a-b)/(a-2.0*b+c));
27: }
28:
29: double F(double x)
30: {
31:     return((x+2.0)/(x*x+1.0));
32: }
```

表 7.5　各数列の誤差の比較

i	e_i^F	e_i^A	e_i^S
0	-2.599e-01	-2.599e-01	-2.599e-01
1	2.401e-01	1.091e-02	1.091e-02
2	-1.830e-01	-6.582e-03	1.796e-05
3	1.647e-01	-8.214e-04	4.887e-11
4	-1.295e-01	7.281e-05	0.000e+00
5	1.144e-01	8.545e-07	
	...		
20	-8.178e-03		
	...		
40	-2.538e-04		
	...		
60	-7.863e-06		
	...		
80	-2.436e-07		

7.4　演習問題

1. リチャードソンの補外法もエイトケン Δ^2 法も，数列

$$A_i = A + a r^i, \qquad i = 0, 1, \ldots$$

に対しては，1 回加速すれば真の値 A にたどり着くことを示せ．

2. エイトケン Δ^2 法の反復式 (7.12) は

$$A_{i+2}^{(j+1)} = \frac{A_{i+2}^{(j)} A_i^{(j)} - (A_i^{(j)})^2}{A_{i+2}^{(j)} - 2 A_{i+1}^{(j)} + A_i^{(j)}}$$

と表せることを示せ．

3. 上式と式 (7.12) では計算上どちらが有利か．

4. エイトケン Δ^2 法の反復式 (7.12) は

$$A_{i+2}^{(j+1)} = A_i^{(j)} - \frac{(A_i^{(j)} - A_{i+1}^{(j)})^2}{A_{i+2}^{(j)} - 2 A_{i+1}^{(j)} + A_i^{(j)}}$$

というように書き表せることを示せ．

5. 数列

$$S(n) = \sum_{i=0}^{n} \frac{(-1)^i}{2i+1}, \qquad T(n) = \sum_{i=0}^{n} \frac{(-1)^i}{i+1}$$

はそれぞれ $\pi/4$ と $\log 2$ に収束する．しかし，収束速度はともに $O(n^{-1})$ なのでかなり遅い．そこで適当な整数 p を定め $A_k = S(2^{(k+p)})$（および $= T(2^{(k+p)})$）とし，これをリチャードソンの補外法で加速せよ．

✐ 第 7 章のまとめ ✐

- 1 次収束列リチャードソンの補外法を用いてより速い 1 次収束列に変換できる．
- 1 次収束列であるが，その収束比がわからないときはエイトケン Δ^2 法を用いて加速できる．
- エイトケン Δ^2 法は超 1 次収束列も加速できる．
- リチャードソンの補外法もエイトケン Δ^2 法も，1 回だけの加速で終わらせないで，加速して得られた数列をさらに加速すると効果的である．
- 反復関数が与えられている不動点反復法では，ステフェンセンの変換を行えば 2 次収束列へ変換できる．

付録 A
数学的基礎

A.1 平均値の定理

関数 $f(x)$ が区間 $[a,b]$ で連続で微分可能ならば

$$f'(\xi) = \frac{f(b) - f(a)}{b - a} \tag{A.1}$$

を満たす，一般には未知な点 ξ がこの区間内に存在する．ここで $f(a) = f(b)$ ならば，$f'(\xi) = 0$ となる未知な点 ξ が区間 $[a,b]$ に存在することになる．これは**ロルの定理** (Rolle's Theorem) と呼ばれている内容である．

また，関数 $f(x), g(x)$ がともに区間 $[a,b]$ で連続で，$g(x)$ の符号が一定ならば

$$\int_a^b f(x)\,g(x)\mathrm{d}x = f(\xi) \int_a^b g(x)\mathrm{d}x \tag{A.2}$$

を満たす（やはり）一般には未知な点 ξ が区間内に存在する．ここで，特に $g(x) = 1$ とすると

$$f(\xi) = \frac{1}{b-a} \int_a^b f(x)\,\mathrm{d}x \tag{A.3}$$

となる未知数 ξ が存在する，という結果が得られる．

A.2 中間値の定理

区間 $[a,b]$ で連続関数 $f(x)$ が $f(a) < f(b)$ を満たすものと仮定する．このとき $\gamma \in [f(a), f(b)]$ を満たす値 γ に対して $\gamma = f(c)$ なる点 c が $[a,b]$ 内に存在する．

A.3 テイラー展開

テイラー展開 (Taylor expansion) は，数値解析において最も重要な定理である．α で $n+1$ 回微分可能な関数 $f(x)$ は

$$f(x) = f(\alpha) + f'(\alpha)(x-\alpha) + \frac{f''(\alpha)(x-\alpha)^2}{2!} + \cdots + \frac{f^{(n)}(\alpha)(x-\alpha)^n}{n!} + R_n(x) \tag{A.4}$$

と近似できる．ここで剰余項 $R_n(x)$ は

$$R_n(x) = \frac{f^{(n+1)}(\alpha + \theta(x-\alpha))(x-\alpha)^{n+1}}{(n+1)!}, \quad 0 < \theta < 1$$

と表され，θ は一般には未知な定数である．また，剰余項 $R_n(x)$ を取り去って得られた n 次多項式

$$P_n(x) = f(\alpha) + f'(\alpha)(x-\alpha) + \frac{f''(\alpha)(x-\alpha)^2}{2!} + \cdots + \frac{f^{(n)}(\alpha)(x-\alpha)^n}{n!}$$

は，点 α にて $f(x)$ と n 階の導関数まで一致することに注意する．

無限級数

$$a_0 + a_1(x-\alpha) + a_2(x-\alpha)^2 + \cdots + a_n(x-\alpha)^n + \cdots$$

は

$$r = \lim_{n \to \infty} \left| \frac{a_n}{a_{n+1}} \right|$$

として与えられる正数 r に対して

$$|x - \alpha| < r$$

という範囲で収束する．この値 r のことを**収束半径** (radius of convergence) と呼ぶ．

例 A.1 関数 $1/(1-x)$ は

$$\frac{1}{1-x} = 1 + x + \cdots + x^n + \cdots$$

というテイラー展開をもち，収束半径は 1 となる（図 A.1 参照）．

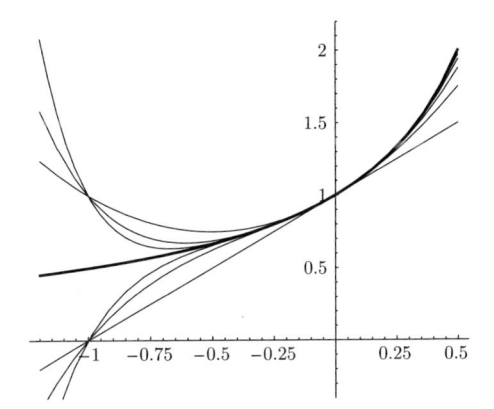

図 **A.1** $1/(1-x)$ とそのテイラー展開（収束半径 1）

例 A.2 $\sin x$ のテイラー展開は

$$\sin x = x - \frac{x^3}{3!} + \frac{x^5}{5!} - \frac{x^7}{7!} - \cdots$$

と表される．収束半径は ∞ である（図 A.2 参照）．

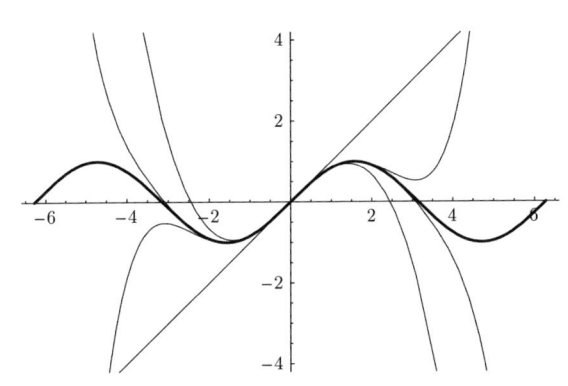

図 **A.2** $\sin x$ とそのテイラー展開（収束半径 ∞）

例 A.3 $\dfrac{\sin x}{1+16\,x^2}$ のテイラー展開は

$$\frac{\sin x}{1+16x^2} = x - \frac{97}{6}x^3 + \frac{10347}{40}x^5 - \frac{20859553}{5040}x^7 + \frac{24030205057}{362880}x^9 - \cdots$$

となる．この場合，収束半径は 0.25 である．$n = 13, 15, 17, 19$ についてテイ

ラー展開ともとの関数を描いたのが図 A.3 である.

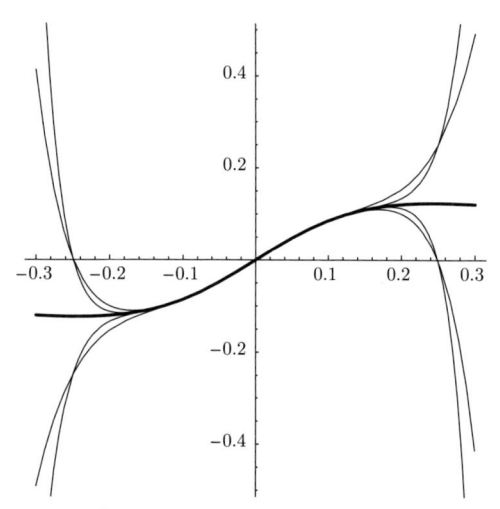

図 A.3 $\dfrac{\sin x}{1 + 16\,x^2}$ とそのテイラー展開（収束半径 0.25）

例 A.4　$|x| < 1$ のとき，任意の複素数 r に対して

$$(1+x)^r = \sum_{k=0}^{\infty} \binom{r}{k} x^k$$

が成り立つ（一般化二項定理）．ここで

$$\binom{r}{k} = \frac{r(r-1)\cdots(r-k+1)}{k!}, \qquad k = 0, 1, 2, \ldots$$

である．したがって，$|x| \ll 1$ かつ r があまり大きくないときは

$$(1+x)^r \simeq 1 + r\,x \tag{A.5}$$

という近似式が成り立つ．例えば

$$\sqrt{1+x} \simeq 1 + \frac{x}{2}$$

のように．

次に，2 変数の関数 $f(x,y)$ の $x=\alpha, y=\beta$ でのテイラー展開を考える．まず 1 変数のテイラー展開

$$f(x,y) = f(\alpha, y) + f_x(\alpha, y)(x-\alpha) + \frac{f_{xx}(\alpha, y)}{2!}(x-\alpha)^2 + \frac{f_{xxx}(\alpha, y)}{3!}(x-\alpha)^3 + \cdots$$

において，$f(\alpha, y), f_x(\alpha, y)$ などを $y=\beta$ で展開したものを代入すると

$$\begin{aligned}f(x,y) = &f(\alpha,\beta) + (f_x(\alpha,\beta)(x-\alpha) + f_x(\alpha,\beta)(y-\beta)) \\ &+ \frac{1}{2!}\left\{f_{xx}(\alpha,\beta)(x-\alpha)^2 + 2f_{xy}(\alpha,\beta)(x-\alpha)(y-\beta)\right. \\ &\left. + f_{yy}(\alpha,\beta)(y-\beta)^2\right\} + \cdots \end{aligned} \quad (A.6)$$

となる．一般的に表現すると

$$f(x,y) = \sum_{n=0}^{\infty}\frac{1}{n!}\sum_{k=0}^{n}\binom{n}{k}D_x^k D_y^{n-k} f(\alpha,\beta)(x-\alpha)^k(y-\beta)^{n-k} \quad (A.7)$$

となる．ここで，$D_x = \dfrac{\partial}{\partial x}, D_y = \dfrac{\partial}{\partial y}$ である．

A.4 ランダウの記号

数値解析では，無限級数展開を有限項で打ち切ったときの剰余項，すなわち**打ち切り誤差** (truncation error) が，アルゴリズムを評価する指標として重要な役割を果たす．一般に，これらの量の正確な値はわからないので，漸近的な振舞を問題にしアルゴリズムの良否を決定することになる．また離散的アルゴリズムの分野では，問題のサイズを大きくしていったとき，計算量がどのような大きさで増えていくかで計算量を評価することがある．このように，漸近的な振舞を表すのに用いられるものに**ランダウの O-記法** (Landau's O-notation) というのがある．

まず図 A.4 を見ていただきたい．図より，$y=3x^3+2/x+5$ という曲線は，x が大きくなるに従って $3x^3$ に，x が小さくなるに従って $2/x$ にそれぞれ漸近し，やがて見分けがつかなくなってくる．このような状況を $3x^3$ と $2/x$ の係数を省略して

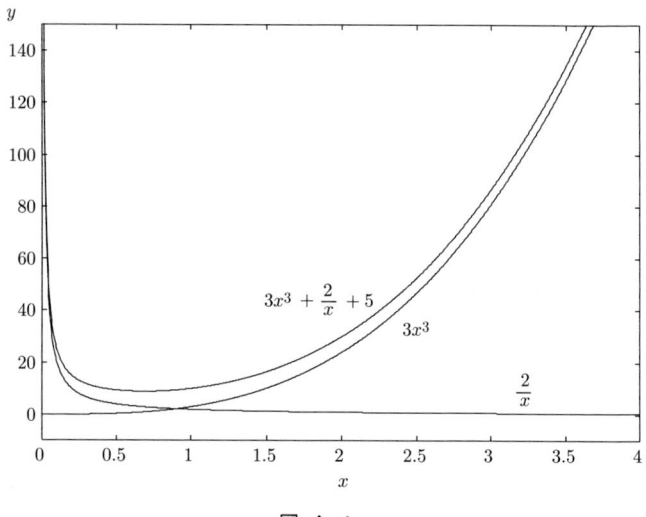

図 A.4

$$
\begin{aligned}
3x^3 + 2/x + 5 &= \mathrm{O}\left(x^3\right), & x &\to +\infty, \\
3x^3 + 2/x + 5 &= \mathrm{O}\left(x^{-1}\right), & x &\to 0
\end{aligned}
\tag{A.8}
$$

という記号を用いて表す．ここで x は連続的に変化する量であるが，離散的な値（整数）であってもよい．例えば，あるアルゴリズムの演算回数を $T(n)$ としたとき

$$ T(n) = \frac{n^3}{3} + \frac{n^2}{2} + n $$

ならば

$$ T(n) = \mathrm{O}\left(n^3\right), \qquad n \to \infty \tag{A.9} $$

と表す．
　いくつかの例を示すと

$$
\begin{aligned}
\sin x &= \mathrm{O}\left(x\right), & x &\to 0 \\
1 - \cos x &= \mathrm{O}\left(x^2\right), & x &\to 0 \\
\mathrm{e}^x &= 1 + x + \mathrm{O}\left(x^2\right), & x &\to 0
\end{aligned}
$$

となる．これらはテイラー展開から直ちに得られる．

また,
$$\lim_{x \to a} \frac{f(x)}{g(x)} = 0$$
のとき
$$f(x) = \mathrm{o}\,(g(x)), \qquad x \to a$$
と記すこともある．例えば
$$\sin^2 x = \mathrm{o}\,(x), \qquad x \to 0$$
$$\frac{1}{x^2} = \mathrm{o}\,(x^{-1}), \qquad x \to \infty$$
などである．

A.5　オイラーの公式

オイラーの公式とは，指数関数と三角関数を結びつける
$$\mathrm{e}^{\mathrm{i}\theta} = \cos\theta + \mathrm{i}\sin\theta \tag{A.10}$$
という公式である．この公式は，解析学で最も有用な公式であり，この公式を用いると他の複雑な公式が簡単に得られる．また最も美しい公式といわれている $\mathrm{e}^{\mathrm{i}\pi} + 1 = 0$ も直ちに得られる．その他，三角関数の加法定理は次のようにして得られる：

$$\begin{aligned}
\cos(\alpha+\beta) + \mathrm{i}\sin(\alpha+\beta) &= \mathrm{e}^{\mathrm{i}(\alpha+\beta)} = \mathrm{e}^{\mathrm{i}\alpha}\cdot\mathrm{e}^{\mathrm{i}\beta} \\
&= (\cos\alpha + \mathrm{i}\sin\alpha)(\cos\beta + \mathrm{i}\sin\beta) \\
&= (\cos\alpha\cos\beta - \sin\alpha\sin\beta) \\
&\quad + \mathrm{i}(\sin\alpha\cos\beta + \cos\alpha\sin\beta)
\end{aligned}$$

またこの公式を用いると
$$I = \int \mathrm{e}^{ax}\cos bx\,\mathrm{d}x = \frac{\mathrm{e}^{ax}}{\sqrt{a^2+b^2}}(a\cos bx + b\sin bx)$$
のような積分も簡単に求められる（各自試してみること）．

オイラーの公式は，テイラー展開を用いると簡単に導出できる．$e^{i\theta}$ のテイラー展開は

$$e^{i\theta} = 1 + i\theta + \frac{(i\theta)^2}{2!} + \frac{(i\theta)^3}{3!} + \frac{(i\theta)^4}{4!} + \cdots$$
$$= \left(1 - \frac{\theta^2}{2!} + \frac{\theta^4}{4!} + \cdots\right) + i\left(\theta - \frac{\theta^3}{3!} + \frac{\theta^5}{5!} - \cdots\right)$$

となり，上式の実部と虚部は，それぞれ $\cos\theta$ と $\sin\theta$ のテイラー展開になっているのでオイラーの公式が成り立っていることがわかる．

A.6 差分方程式

数列 $\{x_k\}$ が漸化式

$$x_{k+2} + a\,x_{k+1} + b\,x_k = 0, \qquad k = 0, 1, \ldots \tag{A.11}$$

に従って変化するものとする．ここで a, b は k にも x_k にも依存しない定数である．このような式を**差分方程式** (difference equation) と呼んでいる．式 (A.11) で表される x_n を n の関数として閉じた形で表すことを考える．まず $x_k = \xi^k (\xi \neq 0)$ とおいてみる．これを上式に代入すると

$$\xi^{k+2} + a\xi^{k+1} + b\xi^k = \xi^k(\xi^2 + a\xi + b) = 0 \tag{A.12}$$

を得るので，ξ は 2 次方程式

$$\xi^2 + a\xi + b = 0$$

の解でならなければならない．この方程式のことを特性方程式と呼んでいる．その解を ξ_1, ξ_2 とする．すなわち，

$$\xi_1, \xi_2 = \frac{-a \pm \sqrt{a^2 - 4b}}{2} \tag{A.13}$$

である．ここで $\xi_1 \neq \xi_2$ とすると，$x_n = \xi_1^n$ と $x_n = \xi_2^n$ が方程式 (A.11) の解になるので，その線形結合

$$x_n = c_1\xi_1^n + c_2\xi_2^n \tag{A.14}$$

が一般解になる．なお，特性方程式が複素解をもち，$\xi_1 = \bar{\xi}_2 = r\,\mathrm{e}^{\mathrm{i}\theta}$ のとき，オイラーの公式より，一般解は

$$x_n = r^n \left(c_1 \cos n\theta + c_2 \sin n\theta\right) \tag{A.15}$$

という形で表される．このほうが使いやすいのはいうまでもない．

例 A.5 差分方程式

$$x_{k+2} = x_{k+1} + x_k, \qquad x_0 = 0, \quad x_1 = 1 \tag{A.16}$$

によって表される数列（**フィボナッチ数列** (Fibonacci sequence)）の第 n 項を求める．

この差分方程式の特性方程式は

$$\xi^2 - \xi - 1 = 0$$

であり，その解は

$$\xi_1 = \frac{1+\sqrt{5}}{2} = 1.618\cdots, \quad \xi_2 = \frac{1-\sqrt{5}}{2} = -0.618\cdots$$

となる．次に，一般解

$$x_n = c_1 \xi_1^n + c_2 \xi_2^n$$

に含まれる任意定数 c_1, c_2 を初期条件に合うように決めると

$$c_1 + c_2 = 0,$$
$$c_1 \left(\frac{1+\sqrt{5}}{2}\right) + c_2 \left(\frac{1-\sqrt{5}}{2}\right) = 1$$

となり，これより，$c_1 = 1/\sqrt{5}, c_2 = -1/\sqrt{5}$ であるから

$$x_n = \frac{1}{2^n \sqrt{5}} \left\{(1+\sqrt{5})^n - (1-\sqrt{5})^n\right\}, \qquad n = 0, 1, \ldots \tag{A.17}$$

を得る．

これまでは特性方程式の 2 つの解が異なっている場合を考えてきたが，次にこの 2 つが一致する場合を考える．すなわち，

$$\xi_1 = \xi_2 = -\frac{a}{2} \tag{A.18}$$

となる場合である．このとき，ξ_1^n の他に $n\xi_1^n$ も解になる．なぜならば，$n\xi_1^n$ を式 (A.11) に代入し

$$(n+2)\xi_1^{n+2} + a(n+1)\xi_1^{n+1} + bn\xi_1^n = n\xi_1^n(\xi_1^2 + a\xi_1 + b) + \xi_1^{n+1}(2\xi_1 + a) = 0$$

を得るからである．したがって

$$x_n = (c_1 n + c_2)\xi_1^n \tag{A.19}$$

が一般解になる．

A.7 行列に関する公式

$A \in \mathbb{R}^{n \times m}, B \in \mathbb{R}^{m \times n}$ という 2 つの行列の積 $C = AB$ を考える．C の ij 要素を c_{ij} とすれば

$$c_{ij} = \sum_{k=1}^{m} a_{ik} b_{kj}$$

である．したがって，C の転置行列 C^T の ij 要素 c_{ji} は

$$c_{ji} = \sum_{k=1}^{m} a_{jk} b_{ki} = \sum_{k=1}^{m} b_{ki} a_{jk} = \sum_{k=1}^{m} (B^T \text{の } ik \text{ 要素}) \times (A^T \text{の } kj \text{ 要素})$$

であるから，$(AB)^T = B^T A^T$ を得る．

また，$n = m$ で A も B も正則であると仮定すると

$$(AB)^{-1}(AB) = I$$

であるから，この式に右から B^{-1} を掛けると

$$(AB)^{-1} A = B^{-1}$$

が得られ，さらに右から A^{-1} を掛けると

$$(AB)^{-1} = B^{-1} A^{-1}$$

を得る．

A の行列式を $\det(A)$ で表せば，任意の j 行（列）について余因子展開を行えば

$$\det(A) = \sum_{i=1}^{n} a_{ij} \Delta_{ij} = \sum_{i=1}^{n} a_{ji} \Delta_{ji}$$

となる．ここで Δ_{ij} は a_{ij} に対する余因子である．上三角行列の場合，1 列目で展開すれば

$$\det(A) = a_{11} \Delta_{11}$$

となる．Δ_{11} は，行列 A からその 1 行全体と 1 列全体を除いて得られた行列の行列式の値であるから

$$\Delta_{11} = a_{22} \times (a_{22}\text{の余因子})$$

となる．このように考えていけば，上三角行列の行列式は

$$\det(A) = \prod_{i=1}^{n} a_{ii}$$

となることがわかる．下三角行列についても同様である．このことと，公式

$$\det(AB) = \det(A) \det(B)$$

を利用すると

$$\det(A) = \det(L) \det(U) = \det(U)$$

となり，LU 分解を行うことによって副産物として $\det(A)$ も容易に求まる．

付録 B
C 言語と数学関数について

ここでは，数値計算を行う立場から，C 言語の数学ライブラリと複素数型変数の使用法について紹介する．計算環境として，現在，最も普及していると思われる gcc コンパイラ (ver 4) の使用を想定し，倍精度を中心に解説していく．

B.1 数学ライブラリ

数学ライブラリを利用するには，まず，ヘッダファイル math.h をインクルードしなければならない．すなわち，プログラムの冒頭に

```
#include <math.h>
```

という一行を書き加える必要がある．これによって，表 B.2 にある多くの数学関数および表 B.1 にある定数が利用できる．またコンパイルの際は，-lm オプションをつける必要がある．例えば，ソースファイル名が test.c であるならば

```
$ gcc test.c -lm
```

とする．また，C99 規格に準拠したコンパイラであれば，表 B.3 の関数も利用することができる（C99 に関しては [29] を参照）．ただし，gcc ではコンパイルの際に-std=c99 というオプションをつける必要がある:

```
$ gcc -std=c99 test.c -lm
```

さらに，gcc を用いる場合は，GNU によって用意された関数（表 B.4）も利用できる．これらの関数を利用するためには，プログラムの冒頭に

```
#define _GNU_SOURCE
```

というマクロ定義が必要となる．

次に，あまり知られていないが数値解析の立場から重要な関数をいくつか紹介しておく．

B.1.1 expm1 関数

$e^x - 1$ を計算する場合，x が 0 に近いときは $e^x \simeq 1$ なので桁落ちが起きやすくなる．expm1 関数は，この計算を桁落ちを起こさずに精度良く計算するためのものである．次のプログラムの実行結果を，テイラー展開

$$e^x - 1 = x + \frac{x^2}{2} + \frac{x^3}{3!} + \cdots$$

と比べると expm1 関数の効力がわかる．

プログラム 1 (expm1.c)

```
 1: /*
 2:     expm1 function
 3: */
 4: #include <stdio.h>
 5: #include <math.h>
 6:
 7: main()
 8: {
 9:   int i;
10:   double x=1.0e-6;
11:   for(i=0; i<12; i++) {
12:     printf("x=%9.2e exp(x)-1.0=%20.15e expm1(x)=%20.15e\n",
13:     x,exp(x)-1.0,expm1(x));
14:     x*=0.1;
15:   }
16:   return;
17: }
```

```
$ gcc -std=c99 expm1.c -lm -o expm1
$ ./expm1

x= 1.00e-06 exp(x)-1.0=1.000000499962184e-06 expm1(x)=1.000000500000167e-06
x= 1.00e-07 exp(x)-1.0=1.000000049433680e-07 expm1(x)=1.000000050000002e-07
x= 1.00e-08 exp(x)-1.0=9.999999939225290e-09 expm1(x)=1.000000005000000e-08
x= 1.00e-09 exp(x)-1.0=1.000000082740371e-09 expm1(x)=1.000000000500000e-09
x= 1.00e-10 exp(x)-1.0=1.000000082740371e-10 expm1(x)=1.000000000050000e-10
x= 1.00e-11 exp(x)-1.0=1.000000082740371e-11 expm1(x)=1.000000000005000e-11
x= 1.00e-12 exp(x)-1.0=1.000088900582341e-12 expm1(x)=1.000000000000500e-12
x= 1.00e-13 exp(x)-1.0=9.992007221626409e-14 expm1(x)=1.000000000000050e-13
x= 1.00e-14 exp(x)-1.0=9.992007221626409e-15 expm1(x)=1.000000000000006e-14
x= 1.00e-15 exp(x)-1.0=1.110223024625157e-15 expm1(x)=1.000000000000001e-15
x= 1.00e-16 exp(x)-1.0=0.000000000000000e+00 expm1(x)=1.000000000000000e-16
x= 1.00e-17 exp(x)-1.0=0.000000000000000e+00 expm1(x)=1.000000000000001e-17
```

B.1.2 `log1p` 関数

関数 $\log(1+x)$ を計算する場合，x が 1 に比べ極端に小さければ $1+x$ の計算で情報落ちが生じるので，その値を `log` 関数の引数とすれば高精度は望めない．`log1p` 関数は，この計算を精度良く行うためのものである．次のプログラム 2 を実行してみると，`log1p` 関数のほうが

$$\log(1+x) = x(1 - \frac{x}{2} + \frac{x^2}{3} + \cdots)$$

というテイラー展開の値に近いことがわかる．

プログラム 2 (log1p.c)

```
 1: /*
 2:     log1p function
 3: */
 4: #include <stdio.h>
 5: #include <math.h>
 6:
 7: main(void)
 8: {
 9:     int i;
10:     double x=1.0e-9;
11:     for(i=0; i<11; i++) {
12:         printf("x=%9.2e log(1+x)=%20.15e log1p(x)=%20.15e\n",
13:         x,log(1.0+x), log1p(x));
14:         x*=0.1;
15:     }
16:     return;
17: }
```

```
$ gcc -std=c99 log1p.c -lm -o log1p
$ ./log1p

x= 1.00e-09 log(1+x)=1.000000082240371e-09 log1p(x)=9.999999995000000e-10
x= 1.00e-10 log(1+x)=1.000000082690371e-10 log1p(x)=9.999999999500002e-11
x= 1.00e-11 log(1+x)=1.000000082735371e-11 log1p(x)=9.999999999950002e-12
x= 1.00e-12 log(1+x)=1.000088900581841e-12 log1p(x)=9.999999999995004e-13
x= 1.00e-13 log(1+x)=9.992007221625909e-14 log1p(x)=9.999999999999504e-14
x= 1.00e-14 log(1+x)=9.992007221626358e-15 log1p(x)=9.999999999999954e-15
x= 1.00e-15 log(1+x)=1.110223024625156e-15 log1p(x)=9.999999999999999e-16
x= 1.00e-16 log(1+x)=0.000000000000000e+00 log1p(x)=1.000000000000000e-16
x= 1.00e-17 log(1+x)=0.000000000000000e+00 log1p(x)=1.000000000000001e-17
x= 1.00e-18 log(1+x)=0.000000000000000e+00 log1p(x)=1.000000000000001e-18
x= 1.00e-19 log(1+x)=0.000000000000000e+00 log1p(x)=1.000000000000001e-19
```

B.1.3 sincos 関数

実数 x に対して $\sin x$ と $\cos x$ を同時に必要とすることが多い．このようなとき，二宮市三 名古屋大学 名誉教授は，並列三角関数 sincos の利用を推奨している [20]．この関数は，$\sin x$ と $\cos x$ の計算に必要な共通の処理を繰り返さずにこの 2 つを同時に計算するものである．

例として，非線形方程式

$$f(x) = \frac{1}{2} - \cos x = 0$$

の解をニュートン法で求めることを考える．この場合，ニュートン法は

$$x_{k+1} = x_k - \frac{f(x_k)}{f'(x_k)} = x_k - \frac{\frac{1}{2} - \cos x_k}{\sin x_k}, \qquad k = 0, 1, 2, \ldots$$

となり，$\sin x_k$ と $\cos x_k$ の値を同時に必要とする．sincos 関数を利用したプログラムと実行結果を以下に与える．

プログラム 3 (sincos.c)

```
 1: /*
 2:    sincos function
 3: */
 4: #define _GNU_SOURCE
 5: #include <stdio.h>
 6: #include <math.h>
 7: #define eps 1e-15
 8:
 9: int main()
10: {
11:   int k=0;
12:   double x0,x1;
13:   double sinx,cosx,f,df;
14:
15:   x0=2.0;
16:   do {
17:     sincos(x0,&sinx,&cosx);
18:     f=0.5-cosx; df=sinx;
19:     printf("k=%d x_k=%21.15e f(x_k)=%11.3e \n",k,x0,f);
20:     x1=x0-f/df;
21:     x0=x1;
22:     k++;
23:   } while (fabs(f)>eps);
24:
25:   return(0);
26: }
```

```
$ gcc -std=gnu sincos.c -lm -o sincos
$ ./sincos

k=0 x_k=2.000000000000000e+00 f(x_k)=  9.161e-01
k=1 x_k=9.924673604924060e-01 f(x_k)= -4.663e-02
k=2 x_k=1.048147658870523e+00 f(x_k)=  8.230e-04
k=3 x_k=1.047197811356428e+00 f(x_k)=  2.253e-07
k=4 x_k=1.047197551196617e+00 f(x_k)=  1.704e-14
k=5 x_k=1.047197551196598e+00 f(x_k)= -1.110e-16
```

表 B.1　利用できる定数

精度	マクロ名	値	説明
double	M_E	2.7182818284590452354	自然対数の底 e
	M_LOG2E	1.4426950408889634074	$\log_2 e$
	M_LOG10E	0.43429448190325182765	$\log_{10} e$
	M_LN2	0.69314718055994530942	$\log_e 2$
	M_LN10	2.30258509299404568402	$\log_e 10$
	M_PI	3.14159265358979323846	円周率 π
	M_PI_2	1.57079632679489661923	$\pi/2$
	M_PI_4	0.78539816339744830962	$\pi/4$
	M_1_PI	0.31830988618379067154	$1/\pi$
	M_2_PI	0.63661977236758134308	$2/\pi$
	M_2_SQRTPI	1.12837916709551257390	$2/\sqrt{\pi}$
	M_SQRT2	1.41421356237309504880	$\sqrt{2}$
	M_SQRT1_2	0.70710678118654752440	$1/\sqrt{2}$
long double	M_El	2.7182818284590452353602874713526625L	自然対数の底 e
	M_LOG2El	1.4426950408889634073599246810018921L	$\log_2 e$
	M_LOG10El	0.434294481903251827651289189166051L	$\log_{10} e$
	M_LN2l	0.6931471805599453094172321214581766L	$\log_e 2$
	M_LN10l	2.3025850929940456840179914546843642L	$\log_e 10$
	M_PIl	3.1415926535897932384626433832795029L	円周率 π
	M_PI_2l	1.5707963267948966192313216916397514L	$\pi/2$
	M_PI_4l	0.7853981633974483096156608458198757L	$\pi/4$
	M_1_PIl	0.3183098861837906715377675267450287L	$1/\pi$
	M_2_PIl	0.6366197723675813430755350534900574L	$2/\pi$
	M_2_SQRTPIl	1.1283791670955125738961589031215452L	$2/\sqrt{\pi}$
	M_SQRT2l	1.4142135623730950488016887242096981L	$\sqrt{2}$
	M_SQRT1_2l	0.7071067811865475244008443621048490L	$1/\sqrt{2}$

表 B.2　数学関数

呼び出し方法	引数	戻り値の型	説明
exp(x)	double x	double	指数関数 e^x
frexp(x,&exp)	double x, int *exp	double	浮動小数点数 x の仮数部と指数部を取り出す
ldexp(x,exp)	double x, int exp	double	浮動小数点数 x と 2 の整数乗を乗算する
log(x)	double x	double	自然対数 $\log_e x$
log10(x)	double x	double	常用対数 $\log_{10} x$
modf(x,&iptr)	double x, double *iptr	double	浮動小数点数 x を整数部と小数部に分ける
sin(x)	double x	double	正弦関数 $\sin x$
cos(x)	double x	double	余弦関数 $\cos x$
tan(x)	double x	double	正接関数 $\tan x$
sinh(x)	double x	double	双曲線正弦関数 $\sinh x$
cosh(x)	double x	double	双曲線余弦関数 $\cosh x$
tanh(x)	double x	double	双曲線正接関数 $\tanh x$
asin(x)	double x	double	逆正弦関数 $\sin^{-1} x$
acos(x)	double x	double	逆余弦関数 $\cos^{-1} x$
atan(x)	double x	double	逆正接関数 $\tan^{-1} x$
atan2(y,x)	double y, double x	double	逆正接関数 $\tan^{-1}(y/x)$
pow(x,y)	double x, double y	double	ベキ乗関数 x^y
sqrt(x)	double x	double	平方根 $\sqrt{x}$
fabs(x)	double x	double	絶対値 $|x|$
ceil(x)	double x	double	x を下まわらない最小の整数 $\lceil x \rceil$
floor(x)	double x	double	x を越えない最大の整数 $\lfloor x \rfloor$
fmod(x,y)	double x, double y	double	x を y で割った余りを計算する
drem(x,y)	double x, double y	double	x を y で割った余りを計算する
significand(x)	double x	double	x の仮数を返す
j0(x)	double x	double	第一種 Bessel 関数 $J_0(x)$
j1(x)	double x	double	第一種 Bessel 関数 $J_1(x)$
jn(n,x)	int n, double x	double	第一種 Bessel 関数 $J_n(x)$
y0(x)	double x	double	第二種 Bessel (Neumann) 関数 $Y_0(x)$
y1(x)	double x	double	第二種 Bessel (Neumann) 関数 $Y_1(x)$
yn(n,x)	int n, double x	double	第二種 Bessel (Neumann) 関数 $Y_n(x)$

単精度の場合は 'f' を，拡張倍精度の場合は 'l' をそれぞれ関数名の最後につける．

表 B.3　C99 規格により追加された関数

呼び出し方法	引数	戻り値の型	説明
asinh(x)	double x	double	逆双曲線正弦関数
acosh(x)	double x	double	逆双曲線余弦関数
atanh(x)	double x	double	逆双曲線正接関数
expm1(x)	double x	double	$e^x - 1$ ($x=0$ の付近での桁落ち防止)
log1p(x)	double x	double	$\log(1+x)$ ($x=0$ の付近での情報落ち防止)
logb(x)	double x	double	浮動小数点数 x の指数を取得する $\lfloor \log_2 x \rfloor$
exp2(x)	double x	double	2 のベキ乗 2^x
log2(x)	double x	double	底を 2 とする対数関数 $\log_2 x$
hypot(x,y)	double x, double y	double	原点と点 (x,y) との距離 $\sqrt{x^2+y^2}$
cbrt(x)	double x	double	立方根 $\sqrt[3]{x}$
copysign(x,y)	double x, double y	double	絶対値が x に等しく、符号が y に等しい値を返す
erf(x)	double x	double	誤差関数 $\dfrac{2}{\sqrt{\pi}}\int_0^x \exp(-t^2)\,dt$
erfc(x)	double x	double	余誤差関数 $\dfrac{2}{\sqrt{\pi}}\int_x^\infty \exp(-t^2)\,dt$
tgamma	double x	double	Γ 関数 $\Gamma(x)$
lgamma(x)	double x	double	Γ 関数の自然対数 $\log\Gamma(x)$
rint(x)	double x	double	現在の丸め方向で x を整数 (型は double) に丸める
nextafter(x,y)	double x, double y	double	y に向かって x のすぐ隣の浮動小数点表現の値を返す
scalbn(x,exp)	double x, double exp	double	x に FLT_RADIX (通常は 2) の exp 乗を掛ける $x \cdot 2^{\exp}$
scalbln(x,exp)	double x, int exp	double	x に FLT_RADIX (通常は 2) の exp 乗を掛ける $x \cdot 2^{\exp}$
nearbyint(x)	double x	double	最も近い整数 (型は double) に丸める
round(x)	double x	double	最も近い整数に丸める (2 つの整数の中間値の場合は 0 から遠いほうに丸める)
trunc(x)	double x	double	0 に近いほうの整数に丸める
remquo(x,y,&quo)	double x, double y, int *quo	double	x を y で割った余りを返す また quo に商の整数部を返す
fdim(x,y)	double x, double y	double	正の差を計算する $\max\{x-y, 0\}$
fmax(x,y)	double x, double y	double	最大値を返す $\max\{x,y\}$
fmin(x,y)	double x, double y	double	最小値を返す $\min\{x,y\}$
signbit(x)	double x	int	x の符号を返す
fma(x,y,z)	double x, double y, double z	double	$x \times y + z$ を返す

単精度の場合は 'f' を、拡張倍精度の場合は 'l' をそれぞれ関数名の最後につける。

表 B.4　GNU による拡張

呼び出し方法	引数	戻り値の型	説明
exp10(x)	double x	double	指数関数 10^x
pow10(x)	double x	double	10^x（exp10 関数と同じ）
sincos(x,&sinx,&siny)	double x, double *sinx, double *cosx	void	正弦と余弦を同時に計算する関数

単精度の場合は 'f' を，拡張倍精度の場合は 'l' をそれぞれ関数名の最後につける．

B.2　複素数型

C 言語の規格が制定された当初は複素数型は存在しなかったが，C99 規格から複素数型が採用されるようになった．本節ではその利用法を説明する．複素数型を利用するには，まずヘッダファイル complex.h をインクルードする必要がある．

```
#include <complex.h>
```

複素数型の変数を宣言する場合には

```
double complex z;
float complex z;
long double complex z;
```

などとする．宣言され変数に複素数値を代入するときは，以下のようにする（大文字と小文字が区別されるので注意すること）．

```
z1=2.0+3.0*I;
z2=2.0+3.0i;
```

複素数型の変数を印字するときは，実部を取り出す関数 creal と虚部を取り出す関数 cimag を用いて，以下のように行う：

```
printf("%f+%fi\n",creal(z), cimag(z));
```

複素数型の四則演算は，他の型の四則演算同様，演算子「$+, -, *, /$」を用いればよい．また複素数型に対して用意されている関数は表 B.5 の通りである．ここでは，複素数型を用いた簡単なプログラムを紹介して，複素数型の利用法の解説を終わる．

プログラム 4 (complex.c)

```
 1: /*
 2:      Complex arithmetic
 3: */
 4: #include <stdio.h>
 5: #include <complex.h>
 6:
 7: int main()
 8: {
 9:     double complex z1,z2;
10:     double complex add,sub,mul,div;
11:
12:     z1=2.0-1.0*I;
13:     z2=2.0+1.0*I;
14:
15:     add=z1+z2;
16:     sub=z1-z2;
17:     mul=z1*z2;
18:     div=z1/z2;
19:
20:     printf("add: (%f)+(%f)i\n",creal(add), cimag(add));
21:     printf("sub: (%f)+(%f)i\n",creal(sub), cimag(sub));
22:     printf("mul: (%f)+(%f)i\n",creal(mul), cimag(mul));
23:     printf("div: (%f)+(%f)i\n",creal(div), cimag(div));
24:
25:     return(0);
26: }
```

```
$ gcc complex.c -o complex
$ ./complex

add: (4.000000)+(0.000000)i
sub: (0.000000)+(-2.000000)i
mul: (5.000000)+(0.000000)i
div: (0.600000)+(-0.800000)i
```

表 **B.5** 複素数型変数用の関数

呼び出し方法	引数	戻り値の型	説明
creal(z)	double complex z	double	z の実部を返す
cimag(z)	double complex z	double	z の虚部を返す
csin(z)	double complex z	double complex	正弦関数 $\sin z$
ccos(z)	double complex z	double complex	余弦関数 $\cos z$
ctan(z)	double complex z	double complex	正接関数 $\tan z$
casin(z)	double complex z	double complex	逆正弦関数 $\sin^{-1} z$
cacos(z)	double complex z	double complex	逆余弦関数 $\cos^{-1} z$
catan(z)	double complex z	double complex	逆正接関数 $\tan^{-1} z$
csinh(z)	double complex z	double complex	双曲線正弦関数 $\sinh z$
ccosh(z)	double complex z	double complex	双曲線余弦関数 $\cosh z$
ctanh(z)	double complex z	double complex	双曲線正接関数 $\tanh z$
casinh(z)	double complex z	double complex	逆双曲線正弦関数 $\sinh^{-1} z$
cacosh(z)	double complex z	double complex	逆双曲線余弦関数 $\cosh^{-1} z$
catanh(z)	double complex z	double complex	逆双曲線正接関数 $\tanh^{-1} z$
cexp(z)	double complex z	double complex	指数関数 e^z
clog(z)	double complex z	double complex	対数関数 $\log z$
cpow(x,z)	double complex x, double complex z	double complex	ベキ乗関数 x^z
csqrt(z)	double complex z	double complex	平方根 $\sqrt{z}$
cabs(z)	double complex z	double	絶対値 $|z|$
carg(z)	double complex z	double	z の偏角 $\arg z$
conj(z)	double complex z	double complex	複素共役 $\bar{z}$

単精度の場合は 'f' を，拡張倍精度の場合は 'l' をそれぞれ関数名の最後につける．

演習問題の解答

第 1 章

1. 省略
2. 省略
3. (a) $1 - \dfrac{1}{\sqrt{1+x}} = \dfrac{x}{\sqrt{1+x}\,(\sqrt{1+x}+1)}$
   (b) $\dfrac{1}{x+1} - \dfrac{1}{x} = \dfrac{-1}{x\,(x+1)}$
   (c) $(x+1)^2 - x^2 = 2\,x + 1$
   (d) $\cos(x+\varepsilon) - \cos(x-\varepsilon) = -2\sin x \sin\varepsilon$
   (e) $\dfrac{\sin x}{1-\cos x} = \dfrac{1+\cos x}{\sin x} = \cot(x/2)$
   (f) $\mathrm{e}^x - 1 = x + \dfrac{x^2}{2} + \dfrac{x^3}{3!} + \cdots$
4. 定義式に従って
$$c(x) = \dfrac{x \cdot n\,x^{n-1}}{x^n} = n$$
を得る.
5. 省略
6. 省略
7. 省略

第 2 章

1. 省略
2. 以下では収束先を α で表す.
   (a) $\alpha = 1$ で 1 次収束
   (b) $\alpha = 1$ で 3 次収束
   (c) $\alpha = 0$ で 2 次収束

(d) $\alpha = 0$ で 3 次収束

3. 1 次収束は v_n, y_n, 2 次収束は x_n, 3 次収束は z_n, その他は u_n, w_n (u_n は対数収束, w_n は超 1 次収束と呼ばれている).

4. $r'(\alpha) = 1/f'(\alpha)$

5. $f(x) = (x-\alpha)^m h(x), (h(\alpha) \neq 0)$ とおけば明らかである.

6. $f(x) = x^2 - a/x$ とおくと, 反復関数 $F(x) = x - f(x)/f'(x)$ は

$$F(x) = x - \frac{x(x^3 - a)}{2x^3 + a}$$

となる. ここで $\alpha = a^{1/3}, y = F(x)$ とおくと

$$\begin{aligned} y - \alpha &= x - \alpha - \frac{x(x^3 - \alpha^3)}{2x^3 + \alpha^3} \\ &= (x-\alpha)\left\{1 - \frac{x(x^2 + \alpha x + \alpha^2)}{2x^3 + \alpha^3}\right\} \\ &= \frac{(x-\alpha)^3(x+\alpha)}{2x^3 + \alpha^3} \end{aligned}$$

となる. したがって, 反復法

$$x_{k+1} = F(x_k), \qquad k = 0, 1, \ldots$$

の誤差 e_k は

$$\begin{aligned} e_{k+1} &= \frac{e_k^3(x_k + \alpha)}{2x_k^3 + \alpha^3} \\ &\simeq \frac{2}{3\alpha^2} e_k^3 \end{aligned}$$

を満たすので 3 次収束性が示される.

7. 省略

8. $x > \alpha$ で $f'(x) > 0, f''(x) > 0$ を仮定する. この仮定より, $x > \alpha$ で $f(x) > 0$ を得る. なぜならば, 平均値の定理より

$$\frac{f(x_0) - f(\alpha)}{x_0 - \alpha} = \frac{f(x_0)}{x_0 - \alpha} = f'(\xi)$$

を満たす ξ が区間 α, x_0 に存在する. この区間で $f''(x) > 0$ であるから

$$0 < f'(\xi) < f'(x_0)$$

となる. よって

$$f'(\xi) = \frac{f(x_0)}{x_0 - \alpha} < f'(x_0)$$

となり，
$$\frac{f(x_0)}{f'(x_0)} < x_0 - \alpha$$
を得る．以上より
$$x_0 > x_1 = x_0 - \frac{f(x_0)}{f'(x_0)} > \alpha$$
である．以下同様にして
$$\alpha < \cdots < x_2 < x_1 < x_0$$
が示される．

9. ここで
$$|e_k| \leq e, \qquad |e_{k-1}| \leq e$$
と仮定して，解 α のまわりでテイラー展開すると，誤差の式は

$$\begin{aligned}
e_{k+1} &= e_k - \frac{(e_k - e_{k-1})(e_k f'(\alpha) + \frac{1}{2} e_k^2 f''(\alpha) + \mathrm{O}(e^3))}{(e_k - e_{k-1}) f'(\alpha) + \frac{1}{2}(e_k^2 - e_{k-1}^2) f''(\alpha) + \mathrm{O}(e^3)} \\
&= \frac{\frac{1}{2} f''(\alpha) e_k (e_k + e_{k-1}) - \frac{1}{2} e_k^2 f''(\alpha) + \mathrm{O}(e^3)}{f'(\alpha) + \frac{1}{2} f''(\alpha)(e_k + e_{k-1}) + \mathrm{O}(e^2)} \\
&= \frac{f''(\alpha)}{2 f'(\alpha)} e_k e_{k-1} + \mathrm{O}(e^3)
\end{aligned}$$

が得られる．

10. $f(x) = (x-\alpha)^m h(x)$ $(h(\alpha) \neq 0)$ とおくと，
$$\frac{f(x)}{f'(x)} = \frac{(x-\alpha)^m}{m(x-\alpha)^{m-1} + (x-\alpha)^m h'(x)} = \frac{x-\alpha}{m + (x-\alpha) t(x)}$$
となる．ここで $t(x) = h(x)/h'(x)$ とおいた．これより反復関数 $F(x) = x - f(x)/f'(x)$ の微分は
$$F'(x) = 1 - \frac{m - (x-\alpha)^2 t'(x)}{(m + (x-\alpha) t(x))^2}$$
となる．よって
$$\lim_{x \to \alpha} F'(x) = 1 - \frac{1}{m}$$

11. ベイリー法の反復式を
$$F(x) = x - \frac{2 f'(x) f(x)}{2 f'(x)^2 - f(x) f''(x)}$$

とおけば
$$F'(x) = \frac{3f''(x)^2 - 2f'(x)f^{(3)}(x)}{(2f'(x)^2 - f(x)f''(x))^2} f(x)^2$$
を得る．ここで，これを
$$F'(x) = g(x)f(x)^2$$
とおく．これより
$$F''(x) = g'(x)f(x)^2 + 2g(x)f(x)f'(x)$$
となる．よって
$$F(\alpha) = \alpha, \quad F'(\alpha) = 0, \quad F''(\alpha) = 0$$
となり，少なくとも 3 次収束することがわかる．

12. 例えば，$f_3(x) = \sin x - x + 2\pi$ の場合，テイラー展開より
$$\sin x = \sin(x - 2\pi) = (x - 2\pi) - \frac{1}{3!}(x - 2\pi)^3 + \cdots$$
となるので，$\sin x - x + 2\pi = -\frac{1}{3!}(x-2\pi)^3 + \mathrm{O}((x-2\pi)^5)$ であるから $x = 2\pi$ に多重度 3 の解をもつことになる．

13. p 次収束するということは，収束の最終段階で誤差が
$$|e_{k+1}| \simeq C|e_k|^p, \quad C > 0$$
となることである．上式の $\simeq$ を $=$ に置き換え，$E_k = |e_k|$ とすると
$$E_k = C^{1+p+\cdots+p^{k-1}} E_0^{p^k}$$
となる．よって
$$-\log E_k = -(p^k - 1)\log C - p^k \log E_0 = p^k(-\log(CE_0)) + \log C$$
となり
$$\log(-\log E_k) \simeq k \log p + \log(-\log(CE_0))$$
を得る．

14. ホーナー法以外では，下のようなプログラムが効率的であろう．
    1: $P := a_0;\ t := 1;$
    2: **for** $i := 1$ **to** n **do**
    3:    $t := tx;$
    4:    $P := a_i t + P;$
    5: **end for**

このプログラムでは，乗算は $2n$ 回実行され，加算は n 回実行される．加算に関してはホーナー法と同じである．

第 3 章

1. この場合

$$J = \begin{pmatrix} f_x & f_y \\ g_x & g_y \end{pmatrix} = \begin{pmatrix} 1 & 1 \\ y & x \end{pmatrix}$$

となるので

$$J^{-1} = \frac{1}{x-y} \begin{pmatrix} x & -1 \\ -y & 1 \end{pmatrix}$$

となる．よって，ニュートン法は

$$\begin{pmatrix} x_{k+1} \\ y_{k+1} \end{pmatrix} = \begin{pmatrix} x_k \\ y_k \end{pmatrix} - \frac{1}{x_k - y_k} \begin{pmatrix} x_k & -1 \\ -y_k & 1 \end{pmatrix} \begin{pmatrix} x_k + y_k - a - b \\ x_k y_k - ab \end{pmatrix}$$

$$= \begin{pmatrix} x_k \\ y_k \end{pmatrix} - \frac{1}{x_k - y_k} \begin{pmatrix} x_k^2 - (a+b)\,x_k + ab \\ -y_k^2 + (a+b)\,y_k - ab \end{pmatrix}$$

となる．

2. 前進消去における最内側の j-loop で乗算が $n-k$ 回であるから，それを囲む i-loop では 1 つの i について $n-k+2$ 回行われることになる．i-loop が $i = k+1$ から $i = n$ までまわるので，合計で

$$(n-k+2)(n-k) \text{ 回}$$

ということになる．k は $k=1$ から $k=n-1$ までまわるから，乗算は，合計で

$$\sum_{k=1}^{n-1} \left((n-k+2)(n-k) + 1 \right) = \frac{1}{6}(n-1)(2n^2 + 5n + 6) = \mathrm{O}\!\left(\frac{n^3}{3}\right)$$

回ということになる．一方，加減算は同様に数えていくと

$$\sum_{k=1}^{n-1} (n-k+1)(n-k) = \frac{1}{3}n(n-1)(n+1) = \mathrm{O}\!\left(\frac{n^3}{3}\right)$$

となり，トータルでは $\mathrm{O}(2n^3/3)$ 回の四則演算が行われるということになる．

3. 一方，後退代入の方は，乗除算，加減算ともに

$$\sum_{k=1}^{n-1} (n-k+1) = \frac{1}{2}(n-1)(n+2) = \mathrm{O}\!\left(\frac{n^2}{2}\right)$$

であるから，トータルで $\mathrm{O}(n^2)$ 回ということになる．

4. $10n$ 回

5. 省略

6. 方程式の解 x, y は
$$x = \frac{rd - bs}{ad - bc}, \qquad y = \frac{as - rc}{ad - bc}$$

となる．2 つの方程式を直線と見れば，各々の傾きは $-a/b$ と $-c/d$ である．この 2 つの直線がほぼ並行であるということは，$ad - bc \simeq 0$ ということであるから，上の式から，係数の変動が交点の座標値に大きな影響を与えることがわかる．

7. まず A_1 と A_2 の逆行列を求めると
$$A_1^{-1} = \frac{1}{1 - \varepsilon} \begin{pmatrix} -1 + \varepsilon^{-1} & 1 \\ 0 & -\varepsilon \end{pmatrix}, \quad A_2^{-1} = \begin{pmatrix} 1 & -(1-\varepsilon)^{-1} \\ 0 & (1-\varepsilon)^{-1} \end{pmatrix}$$

となる．よって
$$\|A_1\| = \max\{|1 + \varepsilon|, |1 - \varepsilon^{-1}|\} = \frac{|1 - \varepsilon|}{|\varepsilon|}$$
$$\|A_1^{-1}\| = \frac{1}{|1 - \varepsilon|} \max\{|1 - \varepsilon^{-1}| + 1, |\varepsilon|\} = \frac{1}{|1 - \varepsilon|}\left(1 + \left|\frac{1-\varepsilon}{\varepsilon}\right|\right)$$

を得る．これより
$$\text{cond}(A_1) = \frac{1}{|\varepsilon|}\left(1 + \left|\frac{1}{\varepsilon} - 1\right|\right) \simeq \frac{1}{\varepsilon^2}$$

となる．

一方，A_2 のほうは
$$\|A_2\| = \max\{2, |1 - \varepsilon|\} = 2$$
$$\|A_2^{-1}\| = \max\{1 + |1 - \varepsilon|^{-1}, |1 - \varepsilon|^{-1}\} = 1 + |1 - \varepsilon|^{-1}$$

となる．よって
$$\text{cond}(A_2) = 2\left(1 + \frac{1}{|1 - \varepsilon|}\right) \simeq 4$$

が得られる．

8. 省略

第 4 章

1. 省略

演習問題の解答 **217**

2. $n+1$ 個の標本点 x_i $(i=0,\ldots,n)$ が互いに異なるとき, $L(x) = \sum_{i=0}^{n} l_i(x)\, x_i^j$ は $f(x) = x^j$ の n 次多項式による補間になっている. したがって, $0 \leq j \leq n$ のときは, $L(x)$ は x^j そのものになっているはずである.

3. $\varphi(x)$ の微分は

$$\varphi(x) = (x - x_i) \prod_{j=0, j \neq i}^{n} (x - x_j)$$

と表せば

$$\varphi'(x) = \prod_{j=0, j \neq i}^{n} (x - x_j) + (x - x_i) \left(\prod_{j=0, j \neq i}^{n} (x - x_j) \right)'$$

となるので, $\varphi'(x_i) = \prod_{j=0, j \neq i}^{n} (x_i - x_j)$ となる.

4. 省略

5. ラグランジュ補間多項式 $L(x)$ を展開したものを

$$L(x) = a_n x^n + a_{n-1} x^{n-1} + \cdots + a_1 x + a_0$$

とする. ここでは n が偶数の場合のみを扱う (奇数の場合も同様に証明できる). n を偶数と仮定すると, 標本点の対称性より $x_{n/2} = 0$ となる. ここで $y = x^2$, $m = n/2$ とおくと, $L(x)$ は偶関数部分と奇関数部分に

$$\begin{aligned} L(x) = {} & a_n y^m + a_{n-2} y^{m-1} + \cdots + a_2 y + a_0 \\ & + x(a_{n-1} y^{m-1} + a_{n-3} y^{m-2} + \cdots + a_3 y + a_1) \end{aligned}$$

のように分けられる. これを

$$L(x) = P(y) + x\, Q(y)$$

と表す. このとき, すべての i について

$$L(x_i) = P(y_i) + x_i\, Q(y_i), \qquad L(-x_i) = P(y_i) - x_i\, Q(y_i) \qquad (*)$$

となる. ここで $y_i = x_i^2$ とした.

次に関数 $f(x)$ を偶関数と奇関数の場合に分けて考える.

(i) $f(x)$ が偶関数の場合

補間の条件より $L(x_i) = L(-x_i)$ となる. これより

$$L(x_i) - L(-x_i) = 2\, x_i\, Q(y_i) = 0, \qquad i = 0, 1, \ldots, m$$

となる. これより $0 \leq i \leq m-1$ では $x_i \neq 0$ なので

$$Q(y_i) = 0, \qquad i = 0, 1, \ldots, m-1$$

を得る．これは，$m-1$ 次多項式 $Q(y)$ が m 点で 0 になっていることをいっているので，$Q(y)=0$ を意味する．したがって

$$L(x) = P(y) = a_n y^m + a_{n-2} y^{m-1} + \cdots + a_2 y + a_0$$

となり，x の偶数次の項だけ残ることになり $L(x)$ も偶関数になる．

(ii) $f(x)$ が奇関数の場合

奇関数の場合，まず $L(x_i) = -L(x_i)$ となる．したがって，式 (*) に，条件 $L(x_i) = -L(-x_i)$ 考慮すると

$$0 = L(x_i) + L(-x_i) = 2\,P(y_i) = 0, \qquad i = 0, 1, \ldots, m$$

となるので，m 次多項式は $m+1$ 点で 0 になる．よってすべての y について $P(y)=0$ となり，$L(x) = x\,Q(y)$ となり奇数次の項のみ残り，奇関数となる．

6. 省略

7. x_i は

$$x_i = -\cos\left(\frac{2i+1}{2(n+1)}\pi\right) = \cos\left(\frac{2i+1}{2(n+1)}\pi - \pi\right)$$

となるので，ここで

$$\theta_i = \frac{2i+1}{2(n+1)}\pi - \pi = \frac{\pi}{n+1}\left(i + \frac{1}{2} - (n+1)\right)$$

とおけば

$$\cos\left((n+1)\,\theta_i\right) = 0$$

が得られる．したがって x_i は $T_{n+1}(x) = 0$ の解である．

8. $\cos(k+1)x + \cos(k-1)x = 2\cos x \cos kx$ より直ちに得られる．

9. 最後の式だけを証明すれば十分である．最後の式の右辺は

$$\text{右辺} = \frac{1}{x_k - x_0}\left(\sum_{i=1}^{k} f_i \prod_{j=1,\,j\neq i}^{k}\frac{1}{x_i - x_j} - \sum_{i=0}^{k-1} f_i \prod_{j=0,\,j\neq i}^{k-1}\frac{1}{x_i - x_j}\right)$$

$$= \frac{1}{x_k - x_0}\left(f_k \prod_{j=1}^{k-1}\frac{1}{x_k - x_j} - f_0 \prod_{j=1}^{k-1}\frac{1}{x_0 - x_j}\right)$$

$$+ \frac{1}{x_k - x_0}\sum_{i=1}^{k-1} f_i \left(\prod_{j=1,\,j\neq i}^{k}\frac{1}{x_i - x_j} - \prod_{j=0,\,j\neq i}^{k-1}\frac{1}{x_i - x_j}\right)$$

$$= \frac{1}{x_k - x_0}\left(f_k \prod_{j=1}^{k-1}\frac{1}{x_k - x_j} - f_0 \prod_{j=1}^{k-1}\frac{1}{x_0 - x_j}\right)$$

$$+\frac{1}{x_k-x_0}\sum_{i=1}^{k-1}f_i\left(\prod_{j=1,\,j\neq i}^{k-1}\frac{1}{x_i-x_j}\right)\left(\frac{1}{x_i-x_k}-\frac{1}{x_i-x_0}\right)$$

$$=\sum_{i=0}^{k}f_i\prod_{j=0,\,j\neq i}^{k}\frac{1}{x_i-x_j}$$

$$=f[x_k,x_{k-1},\ldots,x_0]$$

となって証明される.

10. すべて $l_i(x_j)=\delta_{ij}$ より得られる.

第 5 章

1. w_i の定義式

$$w_i=\int_a^b\prod_{\substack{j\neq i\\j=0}}^{n}\frac{x-x_j}{x_i-x_j}\mathrm{d}x$$

において, $x=a+sh$, $x_j=a+jh$ とおけば

$$w_i=h\int_0^n\prod_{\substack{j\neq i\\j=0}}^{n}\frac{s-j}{i-j}\mathrm{d}s$$

を得る. これより明らかである.

2. 式 (5.6) より

$$\bar{w}_i=(-1)^{n-i}\frac{1}{n!}\binom{n}{i}\int_0^n\prod_{\substack{j\neq i\\j=0}}^{n}(s-j)\,\mathrm{d}s$$

$$=(-1)^{n-i}\frac{1}{n!}\binom{n}{n-i}\int_0^n\prod_{\substack{j\neq i\\j=0}}^{n}(n-s'-j)\,\mathrm{d}s'$$

$$=(-1)^{i}\frac{1}{n!}\binom{n}{n-i}\int_0^n\prod_{\substack{j\neq i\\j=0}}^{n}(s'-(n-j))\,\mathrm{d}s'$$

$$=(-1)^{i}\frac{1}{n!}\binom{n}{n-i}\int_0^n\prod_{\substack{j'\neq n-i\\j'=0}}^{n}(s'-j')\,\mathrm{d}s'$$

$$=\bar{w}_{n-i}$$

を得る. ここで, $s'=n-s$, $j'=n-j$ とおいた.

3. ニュートン・コーツ公式が，$f(x) = 1$ という関数に対して正確であるためには

$$b - a = \sum_{i=0}^{n} w_i$$

が成り立っていなければならない．これより直ちに得られる．

4. 省略

5. 条件

$$w_0 + w_1 = 1$$
$$w_1 x_1 = \frac{1}{2}$$
$$w_1 x_1^2 = \frac{1}{3}$$

より，$w_0 = 1/4, w_1 = 3/4, x_1 = 2/3$ を得る．

6. 関係式

$$T(h/2) = \frac{1}{2} T(h) + \frac{h}{2} \sum_{i=1}^{n} f\left(a + \frac{(2i-1)h}{2}\right), \qquad h = \frac{b-a}{n}$$

を用いると

$$\begin{aligned}
\frac{4\,T(h/2) - T(h)}{3} &= \frac{1}{3}\left(T(h) + 2h \sum_{i=1}^{n} f\left(a + \frac{(2i-1)h}{2}\right)\right) \\
&= \frac{h/2}{3}\left(f(a) + f(b)\right) + \frac{h/2}{3} \sum_{i=1}^{n} 4f\left(a + (2i-1)\frac{h}{2}\right) \\
&\quad + \frac{h/2}{3} \sum_{i=1}^{n} 2f\left(a + 2i\frac{h}{2}\right) \\
&= S(h/2)
\end{aligned}$$

を得る．

7. 省略

8. 省略

第 6 章

1. 中点公式は

$$\begin{aligned}
y_{k+1} &= y_k + h\,r_2 \\
&= y_k + h\,f(x_k + h/2, y_k + (h/2)\,f(x_k, y_k))
\end{aligned}$$

となる．ここで $y_k = y(x_k)$ を仮定して，上式右辺をテイラー展開すると

$$y_{k+1} = y_k + h\left(f + (h/2)f_x + (h/2)ff_y + \mathrm{O}\left(h^2\right)\right)$$
$$= y(x_k) + hf + \frac{h^2}{2}\left(f_x + ff_y\right) + \mathrm{O}\left(h^3\right)$$
$$= y(x_{k+1}) + \mathrm{O}\left(h^3\right)$$

となり，局所誤差が $\mathrm{O}\left(h^3\right)$ となり，次数が 2 次であることが示せた．ここで，

$$f = f(x_k, y_k), \quad f_x = \frac{\partial}{\partial x}f(x_k, y_k), \quad f_y = \frac{\partial}{\partial y}f(x_k, y_k)$$

と略記した．

2. 古典的ルンゲ・クッタ公式のみを説明する．$y_k = 1$ とすると，y_{k+1} が $R(z)$ になるので，以後，$y_k = 1$ とおく．公式より

$$hr_1 = h\lambda y_k = z, \qquad hr_2 = h\lambda(y_k + hr_1/2) = z(1 + z/2)$$
$$hr_3 = h\lambda(y_k + hr_2/2) = z(1 + z/2 + z^2/4),$$
$$hr_4 = h\lambda(y_k + hr_3) = z(1 + z(1 + z/2 + z^2/4))$$

となる．これより

$$y_{k+1} = y_k + \frac{h}{6}(r_1 + 2r_2 + 2r_3 + r_4)$$
$$= 1 + \frac{1}{6}\left(z + 2z\left(1 + \frac{z}{2}\right) + 2z\left(1 + \frac{z}{2} + \frac{z^2}{4}\right) + z\left(1 + z\left(1 + \frac{z}{2} + \frac{z^2}{4}\right)\right)\right)$$
$$= 1 + z + \frac{z^2}{2} + \frac{z^3}{3!} + \frac{z^4}{4!}$$

となる．

3. 安定性関数は $R(z)$ は，陽的公式の場合は z の多項式になり，陰的公式の場合は有理式になる．いずれにしても

$$|R(z)| = |\overline{R(z)}| = |R(\bar{z})|$$

となる．ここで ¯ は複素共役を表す．したがって安定領域は上下対称の図形になる．

4. 省略

5. 陽的公式の場合，$hr_1 = h\lambda y_k = zy_k$ となり，

$$hr_i = h\lambda\left(y_k + h\sum_{j=1}^{i-1}a_{ij}r_j\right) = z\left(y_k + h\sum_{j=1}^{i-1}a_{ij}r_j\right)$$

であるから, hr_i は i が 1 つ増すごとに z の次数が 1 つずつ高くなっていく. そうすると hr_s は z の高々 s 次の多項式になるので

$$R(z) = y_{k+1}/y_k = 1 + h \sum_{i=1}^{s} b_i r_i$$

は z の高々 s 次多項式になる. したがって $\mathrm{e}^z - R(z)$ は $\mathrm{O}(z^{s+1})$ 以上の高い次数の誤差をもつことはあり得ない.

6. 台形公式の場合, $hr_1 = zy_k$ となり

$$hr_2 = z\left(y_k + \frac{h}{2}(r_1 + r_2)\right)$$

より

$$hr_2 = \frac{1 + z/2}{1 - z/2} zy_k$$

となる. これより

$$\begin{aligned}y_{k+1} &= y_k + \frac{h}{2}(r_1 + r_2) \\ &= y_k + \frac{1}{2}\left(1 + \frac{1 + z/2}{1 - z/2}\right) zy_k \\ &= \left(\frac{1 + z/2}{1 - z/2}\right) y_k\end{aligned}$$

7. この方程式の場合,

$$r_1 = f(x_k), \quad r_2 = r_3 = f(x_k + h/2), \quad r_4 = f(x_k + h)$$

となるので

$$\begin{aligned}y_{k+1} &= y_k + \frac{h}{6}\left(f(x_k) + 4f(x_k + h/2) + f(x_k + h)\right) \\ &= y_k + \left(\frac{h/2}{3}\right)\left(f(x_k) + 4f(x_k + h/2) + f(x_k + h)\right)\end{aligned}$$

を得る.

第 7 章

1. $A_i = A + ar^i$ のとき, 式 (7.3) より

$$A_{i+1}^{(1)} = \frac{A_{i+1} - rA_i}{1 - r} = A$$

となる.

2. 省略

3. 式 (7.12) のほうが有利である．というのは，

$$A_{i+2} = \frac{A_{i+2}\,A_i - A_{i+1}^2}{A_{i+2} - 2\,A_{i+1} + A_i}$$

という式では，精度は分母の精度で決まってしまうからである．

4. 上の式より，A_i と A_{i+2} は交換可能であることがわかる．よって式 (7.12) においてこの 2 つを入れ替えた式を用いても理論上は同じである．

5. 省略

参考文献

[1] G.E. Forsythe, M.A. Malcolm and C.B. Moler, Computer Methods for Mathematical Computations, Prentice–Hall (1977).
[2] 長谷川武光, 吉田俊之, 細田陽介, 工学のための数値計算, 数理工学社 (2008).
[3] N.J. Higham, Accuracy and Stability of Numerical Algorithms, SIAM (1996).
[4] 廣田千明, 小澤一文, 常微分方程式系の解の爆発時刻および爆発レートの推定法 — 偏微分方程式の爆発問題への応用, 日本応用数理学会論文誌 14(2004), pp.13–38.
[5] E. ハイラー, S.P. ネルセット, G. ヴァンナー (三井斌友監訳), 常微分方程式の数値解法 I, シュプリンガー・ジャパン (2007) (E. Hairer, S. Nørsett, G. Wanner, Solving Ordinary Differential Equations I (Second edition), 1992, Springer).
[6] E. ハイラー, G. ヴァンナー (三井斌友監訳), 常微分方程式の数値解法 II, シュプリンガー・ジャパン (2008) (E. Hairer, G. Wanner, Solving Ordinary Differential Equations II (Second edition), 1996, Springer).
[7] 伊理正夫, 藤野和建, 数値計算の常識, 共立出版 (1985).
[8] B.W. カーニハン, D.M. リッチー (石田晴久訳), プログラミング言語 C 第 2 版, ANSI 規格準拠, 共立出版 (1994).
[9] D.E. Knuth, The Art of Computer Programming — Seminumerical Algorithms (The Third Edition), Addison (1998).
[10] 久保田光一, 伊理正夫, アルゴリズムの自動微分と応用 (現代非線形科学シリーズ), コロナ社 (1998).
[11] 三井斌友, 常微分方程式の数値解法, 岩波書店 (2003).
[12] 皆本晃弥, やさしく学べる C 言語入門—基礎から数値計算入門まで—, サイエンス社 (2004).
[13] 皆本晃弥, C 言語による数値計算入門, サイエンス社 (2005).
[14] 森正武, 数値解析 (第 2 版), 共立出版 (2002).
[15] 森正武, 数値計算プログラミング (増補版), 岩波書店 (1987).
[16] 森口繁一他, 生きている数学—数理工学の発展, 培風館 (1979).

[17] 森口繁一，伊理正夫，武市正人，C による算法通論，東京大学出版会 (1992).
[18] 二宮市三 編，数値計算のつぼ，共立出版 (2003).
[19] 二宮市三 編，数値計算のわざ，共立出版 (2006).
[20] 二宮市三，三角関数論考，第 37 回数値解析シンポジウム講演予稿集（2008 年 6 月），49–52.
[21] NUMPAC:http://netnumpac.fuis.fukui-u.ac.jp/
[22] M.L. Overton, Numerical Computing with IEEE Floating Point Arithmetic, SIAM (2001).
[23] 小澤一文，数値計算法，共立出版 (1996).
[24] K. Ozawa, Analysis and Improvement of Kahan's Summation Alglorithm, J. of Information Processing, **6** (1983), pp.226–230.
[25] K. Ozawa, Super-quadratic Convergence in Aitken Δ^2 Process, Japan J. Indust. Appl. Math. (JJIAM), **21** (2004), pp.289–298.
[26] 小澤一文，数値計算における誤差の問題について，分子シミュレーション研究会会誌，アンサンブル，Vol.9-2(2007), pp.3–10.
[27] J. Stoer, R. Bulirsch, Introduction to Numerical Analysis, Third Edition, Springer (2002).
[28] 杉原正顕，室田一雄，数値計算法の数理，岩波書店 (1994).
[29] 戸川隼人，ザ・C99，サイエンス社 (2002).
[30] L.N. Trefethen, D.B III, Numerical Linear Algebra, SIAM (1997).
[31] J.H. Wilkinson, Rounding Errors in Algebraic Processes, Dover (1994)（1963 年に Prentice–Hall から出版された同名の書の復刻版）．
[32] 山本哲朗，数値解析入門（増訂版），サイエンス社 (2003).

索　引

■ 数字
1 次方程式　26

■ 英文
A–安定　155

IEEE 754　2

LU 分解法　60
l 点反復法　41

p 次収束　43
p 次の解法　144
p 次収束法　43

s 段ルンゲ・クッタ法　148

■ ア行
悪条件　13
安定性関数　152
安定な計算法　12
安定領域　152

陰的な解法　155

ウィルキンソンの多項式　14
上三角行列　66
打ち切り誤差　191

エイトケン Δ^2 法　179
エルミート補間　107

オイラーの公式　193
オイラー法　142
オイラー・マクローリンの公式　127
重み　112

■ カ行
ガウス・ジョルダンの消去　67
ガウスの消去法　60
ガウス・ルジャンドル型公式　122
硬い方程式　166
カハンのアルゴリズム　7
仮平均法　16

極限周期軌道　167
局所離散化誤差　143

クッタの 3 次法　149
組み立て除法　34
クロネッカのデルタ関数　89

桁落ち　8
減次　37
減速ニュートン法　38

後退オイラー法　155
後退代入　61
硬度比　166
弧長　170
古典的ルンゲ・クッタ法　150

■ サ行
最小二乗近似多項式　80
差分商　104
差分方程式　194
残差　72
三重対角行列　81

軸　62
下三角行列　66
自動積分法　131
自動微分法　10
修正オイラー法　145
収束半径　188
収束比　43
準ニュートン法　60
条件数　12, 79
情報落ち　7
シンプソン公式　113

ステフェンセン変換　183

セカント法　40
摂動　152
漸近展開　173
前進消去　61

疎行列　81

■ タ行
台形公式　113, 159
多項式補間　87
多重度　49

チェビシェフ多項式　95
チェビシェフ点　95
チェビシェフ補間　95
中間値の定理　187
中点法　149
超 1 次収束列　181
重複度　49

テイラー展開　188

デュラン・カーナー型解法　38
トーマスの計算法　82

■ ナ行
内部反復　156

二重指数関数型公式　135
二分法　26
ニュートン・コーツ $(n+1)$ 点公式　113
ニュートンの補間公式　102
ニュートン法　29

■ ハ行
爆発解　169
爆発時刻　169
反復関数　42

非線形方程式　26
ヒルベルト行列　80

ファン・デル・ポルの方程式　167
フィボナッチ数列　195
ブッチャー配列　160
浮動小数点表示　2
不動点　42
不動点定理　42
不動点反復法　42
部分枢軸選択　75

ベアストウ法　37
平均値の定理　187
ベイリー法　48

ホインの 3 次法　149
ホイン法　145
補外　173
ホーナー法　34

■ マ行
マシン・エプシロン　3
丸め誤差　3
ミニ・マックス近似　97

■ ヤ行

ヤコビ行列　60

■ ラ行

ラグランジュ補間　88, 100
ランダウの O-記法　191

リチャードソンの補外法　175
累積離散化誤差　144
ルジャンドル多項式　126
ロルの定理　91, 187
ロンバーグ積分法　128

著者紹介

小澤一文（おざわ　かずふみ）

1974年　早稲田大学大学院理工学研究科修士課程修了
現　在　秋田県立大学名誉教授，工学博士
専　攻　数値解析
著　書　数値計算法 第2版（情報処理入門シリーズ4，共立出版）

Cで学ぶ数値計算 アルゴリズム *Numerical Computation Using C* 2008年11月25日　初版1刷発行 2022年2月15日　初版5刷発行	著　者　小澤一文　© 2008 発行者　南條光章 発行所　共立出版株式会社 東京都文京区小日向 4-6-19 電話　03-3947-2511（代表） 郵便番号 112-0006／振替口座 00110-2-57035 URL www.kyoritsu-pub.co.jp 印　刷　啓文堂 製　本　協栄製本
検印廃止 NDC 007.64 ISBN 978-4-320-12221-5	NSPA　一般社団法人 　　　 自然科学書協会 　　　 会員 Printed in Japan

JCOPY ＜出版者著作権管理機構委託出版物＞
本書の無断複製は著作権法上での例外を除き禁じられています．複製される場合は，そのつど事前に，出版者著作権管理機構（TEL：03-5244-5088，FAX：03-5244-5089，e-mail：info@jcopy.or.jp）の許諾を得てください．

編集委員：白鳥則郎（編集委員長）・水野忠則・高橋　修・岡田謙一

未来へつなぐデジタルシリーズ

❶ インターネットビジネス概論 第2版
　　片岡信弘・工藤　司他著……208頁・定価2970円

❷ 情報セキュリティの基礎
　　佐々木良一監修／手塚　悟編著 244頁・定価3080円

❸ 情報ネットワーク
　　白鳥則郎監修／宇田隆哉他著・・208頁・定価2860円

❹ 品質・信頼性技術
　　松本平八・松本雅俊他著……216頁・定価3080円

❺ オートマトン・言語理論入門
　　大川　知・広瀬貞樹他著……176頁・定価2640円

❻ プロジェクトマネジメント
　　江崎和博・髙根宏士他著……256頁・定価3080円

❼ 半導体LSI技術
　　牧野博之・益子洋治他著……302頁・定価3080円

❽ ソフトコンピューティングの基礎と応用
　　馬場則夫・田中雅博他著……192頁・定価2860円

❾ デジタル技術とマイクロプロセッサ
　　小島正典・深瀬政秋他著……230頁・定価3080円

❿ アルゴリズムとデータ構造
　　西尾章治郎監修／原　隆浩他著 160頁・定価2640円

⓫ データマイニングと集合知　基礎からWeb,ソーシャルメディアまで
　　石川　博・新美礼彦他著……254頁・定価3080円

⓬ メディアとICTの知的財産権 第2版
　　菅野政孝・大谷卓史他著……276頁・定価3190円

⓭ ソフトウェア工学の基礎
　　神長裕明・郷　健太郎他著……202頁・定価2860円

⓮ グラフ理論の基礎と応用
　　舩曳信生・渡邉敏正他著……168頁・定価2640円

⓯ Java言語によるオブジェクト指向プログラミング
　　吉田幸二・増田英孝他著……232頁・定価3080円

⓰ ネットワークソフトウェア
　　角田良明編著／水野　修他著・・192頁・定価2860円

⓱ コンピュータ概論
　　白鳥則郎監修／山崎克之他著・・276頁・定価2640円

⓲ シミュレーション
　　白鳥則郎監修／佐藤文明他著・・260頁・定価3080円

⓳ Webシステムの開発技術と活用方法
　　速水治夫編著／服部　哲他著・・238頁・定価3080円

⓴ 組込みシステム
　　水野忠則監修／中條直也他著・・252頁・定価3080円

㉑ 情報システムの開発法：基礎と実践
　　村田嘉利編著／大場みち子他著 200頁・定価3080円

㉒ ソフトウェアシステム工学入門
　　五月女健治・工藤　司他著……180頁・定価2860円

㉓ アイデア発想法と協同作業支援
　　宗森　純・由井薗隆也他著……216頁・定価3080円

㉔ コンパイラ
　　佐渡一広・寺島美昭他著……174頁・定価2860円

㉕ オペレーティングシステム
　　菱田隆彰・寺西裕一他著……208頁・定価2860円

㉖ データベース ビッグデータ時代の基礎
　　白鳥則郎監修／三石　大他編著 280頁・定価3080円

㉗ コンピュータネットワーク概論
　　水野忠則監修／奥田隆史他著・・288頁・定価3080円

㉘ 画像処理
　　白鳥則郎監修／大町真一郎他著 224頁・定価3080円

㉙ 待ち行列理論の基礎と応用
　　川島幸之助監修／塩田茂雄他著 272頁・定価3300円

㉚ C言語
　　白鳥則郎監修／今野将編集幹事・著192頁・定価2860円

㉛ 分散システム 第2版
　　水野忠則監修／石田賢治他著・・268頁・定価3190円

㉜ Web制作の技術 企画から実装,運営まで
　　松本早野香編著／服部　哲他著 208頁・定価2860円

㉝ モバイルネットワーク
　　水野忠則・内藤克浩監修……276頁・定価3300円

㉞ データベース応用 データモデリングから実装まで
　　片岡信弘・宇田川佳久他著…・284頁・定価3520円

㉟ アドバンストリテラシー ドキュメント作成の考え方から実践まで
　　奥田隆史・山崎敦子他著……248頁・定価2860円

㊱ ネットワークセキュリティ
　　高橋　修監修／関　良明他著 272頁・定価3080円

㊲ コンピュータビジョン 広がる要素技術と応用
　　米谷　竜・斎藤英雄編著……264頁・定価3080円

㊳ 情報マネジメント
　　神沼靖子・大場みち子他著……232頁・定価3080円

㊴ 情報とデザイン
　　久野　靖・小池星多他著……248頁・定価3300円

＊続刊書名＊
コンピュータグラフィックスの基礎と実践
可視化

（価格，続刊書名は変更される場合がございます）

【各巻】B5判・並製本・税込価格

共立出版

www.kyoritsu-pub.co.jp